CHEMISCHE TECHNOLOGIE

IN EINZELDARSTELLUNGEN

HERAUSGEBER: PROF. DR. A. BINZ, BERLIN

SPEZIELLE CHEMISCHE TECHNOLOGIE

DER TECHNISCH-SYNTHETISCHE CAMPHER

VON

DR. I. M. KLIMONT
PROFESSOR DER TECHNISCHEN HOCHSCHULE
IN WIEN

MIT VIER FIGUREN

Springer-Verlag Berlin Heidelberg GmbH
1921

ISBN 978-3-662-24293-3 ISBN 978-3-662-26407-2 (eBook)
DOI 10.1007/978-3-662-26407-2

Ursprünglich erschienen bei Otto Spamer, Leipzig 1921.
Softcover reprint of the hardcover 1st edition 1921

Vorwort.

Vor dem Kriege importierten Deutschland und Österreich-Ungarn nahezu 2,5 Millionen Kilogramm Campher aus Japan, da die Herstellung des synthetischen Camphers aus Terpentinöl, welche in Deutschland bereits begonnen worden war, mit Rücksicht auf die Herabsetzung des Preises für das natürliche Produkt in Japan wieder eingestellt werden mußte. Heute ist die Fabrikation des synthetischen Camphers in Deutschland neuerlich aufgenommen worden und dürfte sich um so sicherer halten, als das Terpentinöl, welches in Deutschland und den mitteleuropäischen Staaten gewonnen wird, seinem früheren Verwendungszweck als Verdünnungsmittel für Harze bei der Lackfabrikation sicherlich nicht mehr in dem Maße wie früher zugeführt wird, da es durch Mineralöl-, Braunkohlen- und Steinkohlendestillate leicht ersetzbar ist. Ich hielt es darum für nützlich, die synthetische Herstellung des Camphers methodisch darzustellen, um alle Interessenten über diesen Zweig der chemischen Technologie in genügendem Maße zu unterrichten.

Wenn sonach der technische Teil des Verfahrens in den Vordergrund gerückt wurde, konnte dennoch von theoretischen Erörterungen nicht ganz abgesehen werden, weil ohne diese ein Begreifen der technologischen Vorgänge nicht möglich ist. Aber angesichts des Umstandes, daß die Konstitutionsformeln der Zwischenprodukte bei der Herstellung des synthetischen Camphers keineswegs feststehen, wurde zwar von einer völlig aufklärenden Darstellung des Reaktionsmechanismus abgesehen, wohl aber der Konstitution der Reaktionsprodukte entsprechende Ausführlichkeit gewidmet; die reine Camphersynthese fand gelegentlich der Erörterung über die Konstitution des Camphers ihren Platz.

Die Bezeichnung „technisch-synthetischer Campher" wurde zur Vermeidung von Mißverständnissen gewählt, weil der „synthetische Campher" lediglich das Laboratoriumsprodukt vorstellt, welches durch die reine Synthese des Camphers gewonnen wird.

Zum Schlusse möchte ich noch Herrn Ing. Richard Löw für die sorgfältig ausgeführten Korrekturen an dieser Stelle meinen Dank aussprechen.

Wien, im Juni 1921. **Der Verfasser.**

Inhalt.

Grundlagen zur Technologie des synthetischen Camphers.

Nachdem im Jahre 1899 die japanische Regierung die Camphergewinnung als Staatsmonopol erklärt hatte, stiegen die Preise dieses Produktes derart, daß 100 kg davon, welche im Jahre 1899 noch Mk. 420.— gekostet hatten, 1907 bereits Mk. 712.— kosteten[1]). Dieser wirtschaftliche Umstand im Vereine mit den Fortschritten, welche die Terpenchemie mittlerweile gemacht hatte, ließen damals den Gedanken entstehen, den Campher in Deutschland selbst herzustellen. Das Pinenhydrochlorid, der sogenannte künstliche Campher (Camphora artificialis), welcher durch den Apotheker *Kind* entdeckt worden war, besaß zwar einige äußere, dem natürlichen Campher ähnliche Merkmale, wie die krystallinische Beschaffenheit und den Geruch, konnte aber zur Hauptverwendung, dem notwendigen Zusatze zur Nitrocellulose behufs Darstellung des Celluloids nicht herangezogen werden. — Schon Ende des vergangenen Jahrhunderts setzten nun Bestrebungen ein, vom Pinen, dem Hauptbestandteile des echten Terpentinöles zu wirklichem Campher zu gelangen. Sie hatten Erfolg, wenngleich eine dauerhafte Industrie infolge Niedergleitens der japanischen Campherpreise sich nicht entwickeln konnte. Mittlerweile wurden aber die Verfahren derart ausgebaut, daß heute keinerlei technische Schwierigkeiten mehr obwalten, soviel synthetischen Campher herzustellen, als es das Vorhandensein von Terpentinöl gestattet.

Es läßt sich nämlich Pinen, welches etwa zu 90 Proz. im Terpentinöl enthalten ist, technisch auf folgende Weise in Camphen überführen:

1. Ausgangsprodukt ist das Pinenhydrochlorid, welches durch Anlagerung von Salzsäure an Pinen entsteht. Durch Abspaltung von Salzsäure mittels alkalischer Reagenzien kann daraus Camphen gewonnen werden, welches seinerseits direkt zu Campher oxydiert werden kann.

$$\underset{\text{(Pinenhydrochlorid)}}{C_{10}H_{16}HCl} \rightarrow \underset{\text{(Camphen)}}{C_{10}H_{16}} \rightarrow \underset{\text{(Campher)}}{C_{10}H_{16}O.}$$

2. Pinenhydrochlorid wird wie in 1. in Camphen übergeführt, und dieses durch Anlagerung organischer Säuren in Isobornylester umgewandelt. Letztere verseift, geben Isoborneol, das sich leicht zu Campher oxydieren läßt.

$$\underset{\text{(Pinenhydrochlorid)}}{C_{10}H_{16}HCl} \rightarrow C_{10}H_{16} \rightarrow \underset{\text{(Isobornylester)}}{RCO_2C_{10}H_{17}} \rightarrow \underset{\text{(Isoborneol)}}{C_{10}H_{16}HOH} \rightarrow \underset{\text{(Campher)}}{C_{10}H_{16}O.}$$

3. Pinenhydrochlorid kann mittels geeigneter Salze auch direkt in Isobornylester übergeführt werden, welche weiterhin wie in 2. verarbeitet werden.

$$\underset{\text{(Pinenhydrochlorid)}}{C_{10}H_{16}HCl} \rightarrow \underset{\text{(Isobornylester)}}{RCO_2C_{10}H_{17}} \rightarrow \underset{\text{(Isoborneol)}}{C_{10}H_{16}HOH} \rightarrow \underset{\text{(Campher)}}{C_{10}H_{16}O.}$$

---

[1]) 1868 hatte der japanische Export nur ca. 2800 Meterzentner mit einem Preise von 69 bis 70 Mk. pro Meterzentner betragen.

4. Pinenhydrochlorid läßt sich auf Grund der *Grignard*schen Reaktion in die entsprechende Magnesiumverbindung überführen, welche ihrerseits leicht durch Absorption des Luftsauerstoffes oxydiert, durch Zersetzung mit Wasser und verdünnten Säuren Borneol liefert, das leicht in Campher umgewandelt werden kann.

5. Ausgangsprodukt ist das Pinen selbst, das durch Einwirkung organischer Säuren direkt in Bornylester und Isobornylester verwandelt werden kann.

$$\underset{\text{(Pinen)}}{C_{10}H_{16}} \rightarrow \underset{\text{(Ester)}}{C_{10}H_{17}O_2CR} \rightarrow \underset{\text{(Borneol + Isoborneol)}}{C_{10}H_{16}HOH} \rightarrow \underset{\text{(Campher)}}{C_{10}H_{16}O}.$$

6. Pinen kann auch direkt zu Campher oxydiert werden.

$$C_{10}H_{16} \rightarrow C_{10}H_{16}O.$$

Der Mechanismus der vorstehenden Reaktionen ist in der Konstitution der Ausgangs-, Zwischen- und Endprodukte begründet.

Das Pinen müßte nach der von *Wagner* aufgestellten Formel

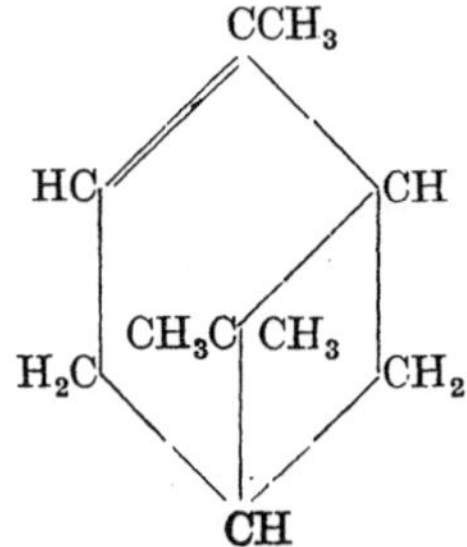

als ein Trimethylbicyclohepten aufgefaßt werden[1]). Diese Ansicht wäre in mehrfacher Weise gut fundiert: das Vorhandensein einer Doppelbindung ist durch die Entstehung eines Nitrosylchlorids[2]) und eines einzigen Pinenhydrochlorids (Pinenchlorhydrates)[3]) erwiesen; die bicyclische Natur folgt aus der Bruttoformel $C_{10}H_{16}$. Die Arbeiten *Bayers*, *Tiemanns* und *Wagners* haben insbesondere mit Rücksicht auf die Umwandlung des Pinennitrosochlorids in Hydrochlorcarvoxim, des Pinens in Terpinhydrat (Menthandiol 1,8) und in Terpineol ($\triangle^1$ Menthenol 8), ferner mit Rücksicht auf die Autooxydation des Pinens zu Sobrerol (Pinolhydrat)[4]) und den oxydativen Abbau des Pinens zur Aufstellung obiger Formel geführt, welche neben einem Sechsring mit einer Doppelbindung einen Vierring enthält.

In der Tat ist die Formel des Pinens heute durch die Untersuchung von *Buchner* und *Rehorst* außer Frage gestellt. Sie erhielten nämlich aus α-Pinen mit Diazoessigsäureäthylester ein Kondensationsprodukt, welches

---

[1]) *Wagner:* Ber. d. chem. Ges. **27**, 1651 (1894).

[2]) *Tilden:* Jahresber. f. Ch. **1875**, 390; *Bayer:* Ber. d. chem. Ges. **28**, 648 (1895).

[3]) Literatur vgl. beim Kapital „Pinenhydrochlorid".

[4]) *Sobrero:* Ann. d. Ch. **80**, 106 (1851); *Wallach* u. *Otto:* Ann. d. Ch. **253**, 249 (1889); *Armstrong:* Ber. d. chem. Ges. **1891**, R. 763; *Armstrong* u. *Pope:* Ber. d. chem. Ges. **1891**, R. 764; *Wallach:* Ann. d. Ch. **259**, 309; **268**, 113, 223, 277; **281**, 148; **291**, 351; **306**, 267; *Wagner:* Ber. d. chem. Ges. **27**, 1645; **32**, 2064.

durch Oxydation in Methylcyclopropan-1, 2, 3-tricarbonsäure übergeht, ein Vorgang, der die Anwesenheit einer endocyclichen Doppelbindung bestätigt[1]).

Pinen. → Trimethyltricyclooctancarbonsäureäthylester. → Methylcyclopropan-1,2,3-tricarbonsäure.

Wird jedoch Salzsäure an das Pinen gelagert, so verändert sich dessen Struktur, indem das Additionsprodukt nicht mehr den Pinenring, sondern den Camphanring enthält. Diese Tatsache war nicht evident, sondern konnte erst allmählich zum Bewußtsein gelangen, da das Abspaltungsprodukt des Pinenhydrochlorids, das Camphen seinerseits ebenfalls Salzsäure unter Bildung eines Chlorids anlagert und dessen Identität mit dem Ausgangsprodukte anzunehmen war.

Riban hat jedoch bereits die Reaktionsverhältnisse zwischen Pinenhydrochlorid und dem Camphenhydrochlorid einer vergleichenden Untersuchung unterzogen, indem er beide Chlorderivate unter sonst gleichen Bedingungen mit der fünfundzwanzigfachen Menge ihres Gewichtes an Wasser auf 100° C erhitzte. Pinenchlorhydrat gab nach 15 Stunden ca. 6 Proz. des Salzsäuregehaltes, Camphenhydrochlorid dagegen nach 12 Stunden schon 96 Proz. desselben ab. Wie ferner *Kachler* zeigte, läßt Camphenhydrochlorid sich schon durch Wasser bei gewöhnlicher Temperatur spalten, Pinenhydrochlorid ist demselben gegenüber jedoch resistent. — Im Camphenhydrochlorid läßt sich mit Silbernitrat das Chlorion ohne weiteres ausfällen, und es kann durch zwanzigstündiges Erhitzen mit alkoholischer Kalilauge auf 100° C die Salzsäure vollständig abgespalten werden, während im Pinenhydrochlorid zur Durchführung dieser Operation eine Dauer von 65 Stunden und eine Temperatur von 175 bis 180° C erforderlich war[2]).

Um das Verhältnis zwischen den Halogenanlagerungsprodukten des Pinens und den Haloidanhydriden des Borneols sicherzustellen, haben *Wagner* und *Brickner*[3]) sowohl die camphenliefernden Chloride als auch die Jodide aus Borneol und Isoborneol miteinander verglichen. Nach dieser Untersuchung sind die genannten Haloidderivate in ihrem Verhalten gegenüber weingeistiger Kalilauge vollkommen verschieden, während der Unterschied in ihrem chemischen Verhalten gleichartig ist, wie derjenige der Alkohole. Das aus Isoborneol erhältliche Halogenid ist demnach auch als Isobornyl-

[1]) Ber. d. chem. Ges. **46**, 2680 (1913).

[2]) Vgl. hierüber auch *Meerwein* u. *van Emster:* Ber. d. chem. Ges. **53**; 1815 u. f.

[3]) *Wagner* u. *Brickner:* Ber. d. chem. Ges. **32**, 2302 (1899).

halogenid und das aus Pinen erhältliche Produkt als Bornylhalogenid zu betrachten, da es identisch ist mit dem aus Borneol zu gewinnenden Produkte[1]).

Wagner und *Brickner* haben ferner die Reaktionsmöglichkeit, bei welcher die Haloidanhydride des Borneols aus dem Pinen entstehen, untersucht[2]). Sie heben zunächst hervor, daß dieser Prozeß in einer einfachen Anlagerung von Halogenwasserstoff an die Äthylenbindung des Terpens aus folgenden Gründen nicht bestehen kann: Da die Äthylenbindung des Pinens zwei Kohlenstoffatome verbindet, von denen das eine nicht hydrogenisiert ist, sollten bei direkter Anlagerung von Halogenwasserstoff an dieselbe Haloidanhydride eines tertiären und nicht eines sekundären Alkohols entstehen, wie es tatsächlich der Fall ist. Dazu kommt, daß die Bildung des Bornylchlorids aus Pinen und Chlorwasserstoff unter Entbindung einer weit größeren Wärmemenge erfolgt, als sie der direkten Anlagerung des Chlorwasserstoffes an die Terpene entspricht. Nach *Berthelot*[3]) liefert nämlich Camphen bei dem Übergange in Isobornylchlorid 19,0 Cal. und Limonen, das eine gleichartige Doppelbindung besitzt, bei der Umwandlung in das Monochlorhydrat 18,7 Cal., während bei der Bindung von Bornylchlorid aus Pinen 38,9 Cal. entbunden werden.

Hieraus schlossen *Wagner* und *Brickner*, daß die Bildung der Bornylhaloidanhydride aus Pinen unter Atomumlagerung vor sich gehe, und zwar derart, daß von den Halogenwasserstoffsäuren zunächst der Piceanring gesprengt wird.

Zur Erklärung des Reaktionsmechanismus zogen *Wagner* und *Brickner* die Bildung der Isodibutylenhaloidhydrate aus Isobutylen und den Haloidanhydriden des Trimethylcarbinols heran:

$$(CH_3)_2C = CH_2 + (CH_3)_3CCl \rightarrow (CH_3)_2CCl \cdot CH_2 \cdot C(CH_3)_3 .$$

Die analoge Kondensation könnte bei der Entstehung des Bornylchlorids aus Pinen folgendermaßen vor sich gehen:

```
      CH3                     CH3                      CH3
       C                       C                        |
     //  \                   //  \                      C
  HC      CH       →      HC      CHH          ClHC  /  |  \  CH2
   |  CH3C  CH3 |          |   Cl     |             |  CH3CCH3  |
  H2C     |    CH2        H2C CH3CCH3 CH2          H2C    |     CH2
     \    |   /              \   |   /                \   |   /
       CH                      CH                        CH
```

Während bei der ersten Reaktion ein tertiäres Chlorid gebildet wird, entsteht bei der Bildung des Bornylchlorids ein sekundäres Chlorid. Diesen

[1]) Das aus Pinen und Salzsäure sich bildende Produkt dürfte, streng genommen, nur als „Bornylchlorid" bezeichnet werden, da das eigentliche Pinenhydrochlorid noch unbekannt ist.

[2]) *Wagner* u. *Brickner:* Ber. d. chem. Ges. **32**, 2302 (1899).

[3]) Compt. rend. **118**, 1115 bis 1123; Ann. Chim. Phys. (7) **5**, 546 bis 556.

Umstand führen *Wagner* und *Brickner* auf das Überwiegen der Tendenz, einen Pentamethylenring zu bilden, zurück und heben zugleich hervor, daß bei der Anlagerung der Gruppe CH_3CClCH_3 an die Äthylenbindung des Pinens sich nur eine cis-trans-Stellung ergeben kann, welche mithin im Falle der Richtigkeit dieser Art Umlagerung auch der Stellung Methyl-Hydroxyl im Borneol zukommen müsse, vorausgesetzt, daß eine Atomwanderung nicht stattfinde.

Semmler stellte jedoch den Mechanismus der Reaktion anders dar; er erteilte dem Pinen, zufolge den Untersuchungen von *Tiemann* und *Semmler*[1]) sowie *Baeyer*[2]), die gleiche Konstitution wie *Wagner*[3]) und schloß sich der Ansicht an, daß das Pinenhydrochlorid nicht mehr dem Pinentypus, sondern der Campherreihe angehöre; er meinte auch, daß eine Sprengung des Vierringes vor sich gehe, und daß unter Hinzutritt von Salzsäure eine Anlagerung der letzteren an die doppelte Bindung erfolge; allein er war weiter der Ansicht, daß ein Dichlorhydrat gebildet werde; in statu nascendi spalte sich aber aus diesem Dichlorhydrat sofort wieder Salzsäure ab, wobei das Kohlenstoffskelett des Camphers entstehe.

CH_3
CCl
H_2C CHCl
H
CH_3CCH_3
H_2C CH_2
CH

CH_3
C
H_2C CHCl
CH_3CCH_3
H_2C CH_2
CH

Ebenso wirken Bromwasserstoff[4]) und Jodwasserstoff auf Pinen.

Aus allen diesen Darlegungen geht jedenfalls hervor, daß der Bildung des Pinenhydrochlorids eine Verschiebung der Brückenbindung vorangehen muß, und zwar etwa in folgender Weise:

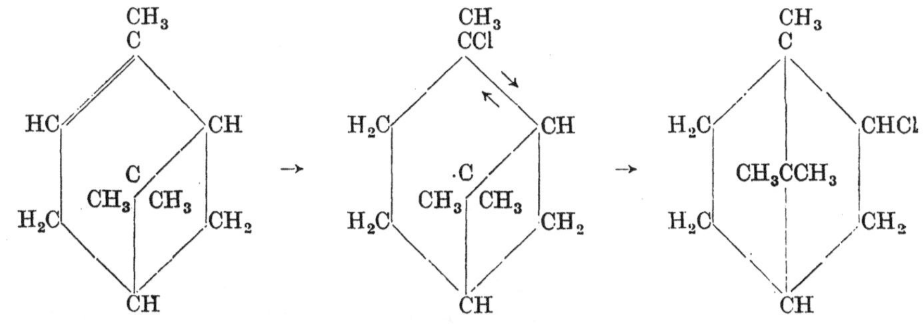

---

1) Ber. d. chem. Ges. **28**, 1345. 2) Ber. d. chem. Ges. **29**, 22.

3) Ber. d. chem. Ges. **21**, 1236.

4) *Semmler:* Ber. d. chem. Ges. **1900**, 3420; vgl. auch *Wallach:* Ann. d. Ch. **239**, 7; *Paparogli:* Ber. d. chem. Ges. **10**, 84.

so daß das Endprodukt den Camphanring besitzt und leicht in die Campherderivate übergehen kann.

Da nun aus dem so entstandenen Bornylchlorid durch Abspaltung von Salzsäure Camphen entsteht, sollte man meinen, daß auch dieses den Camphanring besitze; dem ist jedoch nicht so, und die Lösung des Konstitutionsproblems beim Camphen war sehr schwierig. Wird Pinenchlorhydrat, Bornylchlorid oder Camphenchlorhydrat mit alkalischen Reagentien behandelt, so resultieren Kohlenwasserstoffe, welche miteinander identisch sind und das Camphen schlechthin vorstellen. Daß dieses mit dem Campher in engster Verbindung steht, geht schon daraus hervor, daß das gleiche Camphen auch vom Campherdichlorid geliefert wird. Den Zusammenhang dieser Erscheinungen bewiesen *Kachler* und *Spitzer*, welche zeigten, daß Bornylchlorid $C_{10}H_{16}HCl$ mit Chlor behandelt, Campherdichlorid $C_{10}H_{16}Cl_2$ vom Schmelzp. 155 bis 156° C ergibt[1]).

Sie wiesen ferner nach, daß das Camphen aus Campherdichlorid, wenn es in reinem Zustande vorliegt, mit trockener Salzsäure dasselbe Chlorprodukt liefert, wie das aus Borneol gewonnene Camphen und damit auch die Identität beider Camphene. Letzteres geht auch daraus hervor, daß die auf die gekennzeichnete verschiedene Weise gewonnenen Camphene mit Chromsäure behandelt, identische Oxydationsprodukte, nämlich Campher als Hauptprodukt, dann Kohlensäure, Essigsäure, Camphersäure, Camphoronsäure und eine Substanz $C_{10}H_{16}O_2$ liefern.

Daß das Camphen eine Doppelbindung besitzt, geht aus dessen Molekularrefraktion, der leichten Anlagerung von Chlorwasserstoff, Essigsäure usw., sowie aus der Bindung von Camphenglykol $C_{10}H_{16}(OH)_2$ durch Einwirkung verdünnter Kaliumpermanganatlösung hervor, und es wurde früher mit Rücksicht auf den Zusammenhang mit dem Campher, in den es sich durch Oxydationsmittel unschwer überführen läßt, die folgende Konstitutionsformel angenommen:

```
            CCH3
           / | \
          /  |  \
      H2C    |    CH
       |     |    ||
       |  CH3CCH3 ||
       |     |    ||
      H2C    |    CH
          \  |  /
           \ | /
            CH
```

Allein, es gibt noch einen zweiten isomeren Kohlenwasserstoff, welchem diese Formel zugesprochen werden müßte, nämlich das Bornylen, welches neben dem Camphen entsteht, wenn Bornyljodid mit alkoholischem Kali behandelt wird. Es schmilzt bei 97 bis 98° C, also höher als das Camphen, dessen Schmelzp. bei 48 bis 50° C liegt und unterscheidet sich vom letzt-

---

[1]) *Kachler* u. *Spitzer:* Ann. d. Ch. **200**, 361 (1880).

genannten Kohlenwasserstoff hauptsächlich noch dadurch, daß es mit Eisessig und Schwefelsäure kein Isobornylacetat liefert und ziemlich glatt zu Camphersäure oxydiert werden kann, während Camphen zu Carboxylapocamphersäure oxydiert wird.

Camphen →
COOH
C
H2C
COOH
CH3CCH3
H2C
COOH
CH
Carboxylapocamphersäure

Bornylen →
CH3
C
H2C
COOH
CH3CCH3
H2C
COOH
CH
Camphersäure.

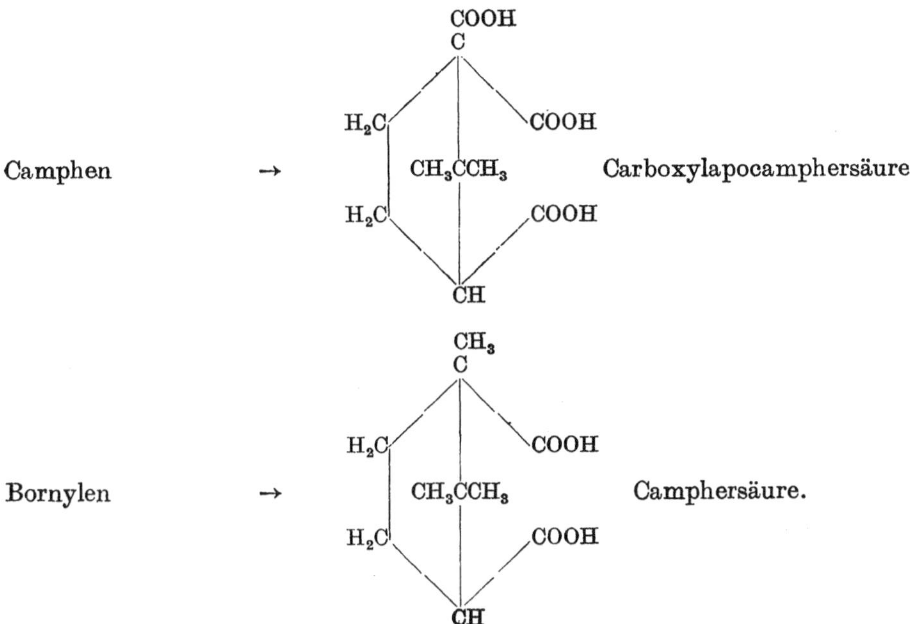

Daher betrachteten *Wagner* und *Brickner* das Bornylen als eigentliches dem Campher und dem Borneol zugrundeliegendes Camphen und gaben ihm folgende Formel:

Campher Borneol Bornylen

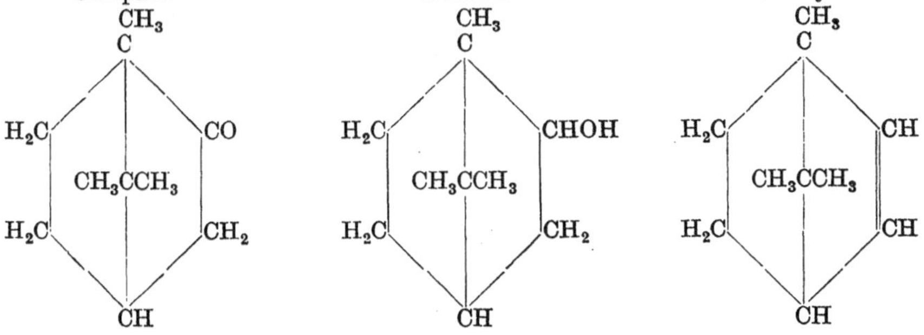

CH3
C
H2C
CO
CH3CCH3
H2C
CH2
CH
CH3
C
H2C
CHOH
CH3CCH3
H2C
CH2
CH
CH3
C
H2C
CH
CH3CCH3
H2C
CH
CH

Hingegen betrachteten sie das andere Camphen als zugehörig zum Isoborneol, bezeichneten es als „Isobornylen“ und erteilten ihm die nachfolgende Struktur [1]):

[1]) *Wagner* u. *Brickner:* Ber. d. chem. Ges. **1900**, 2121.

Isoborneol

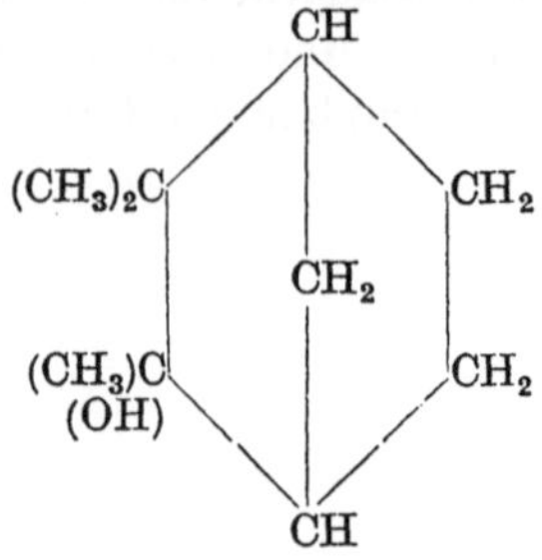

CH

$(CH_3)_2C$ CH_2

CH_2

$(CH_3)C$ CH_2
(OH)

CH

Isobornylen

CH

$(CH_3)_2C$ CH_2

CH_2

$CH_2{=}C$ CH_2

CH

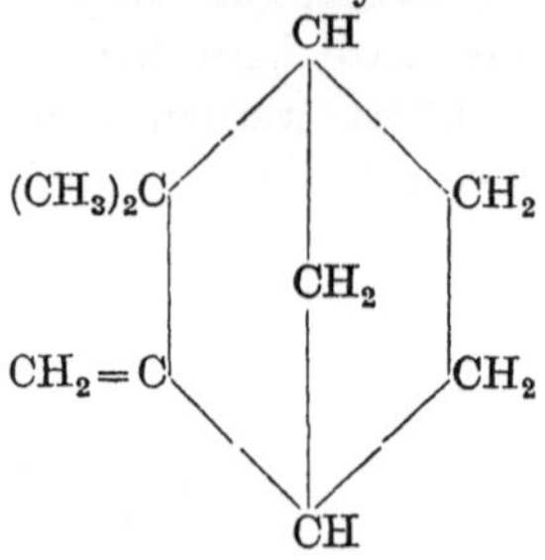

Aus dem Pinenchlorhydrat würde sodann das Camphen auf folgende Weise entstehen:

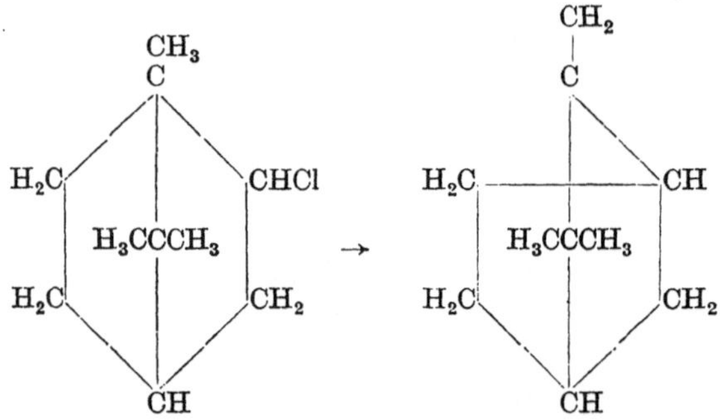

CH_3
C

H_2C CHCl

H_3CCCH_3 →

H_2C CH_2

CH

CH_2
C

H_2C CH

H_3CCCH_3

H_2C CH_2

CH

Davon abgesehen, daß ein so konstituiertes Isoborneol ein tertiärer Alkohol wäre, während in der Tat in dieser Verbindung ein sekundärer Alkohol vorliegt, wurde diese Formel *Wagners* nicht sogleich akzeptiert.

Auch *Semmler* beschäftigte sich mit der Untersuchung dieser Verbindung und fand, daß die Halogenwasserstoffabspaltung aus Pinenchloridhydrat unter Bildung des Camphens nicht nur äußerst schwierig, sondern überhaupt erst bei Gegenwart freier Säuren, welche meistenteils während der Reaktion gebildet werden, vor sich gehe. Die Annahme *Bredts*, daß dem Camphen die nachfolgende Konstitution[1]) zukomme

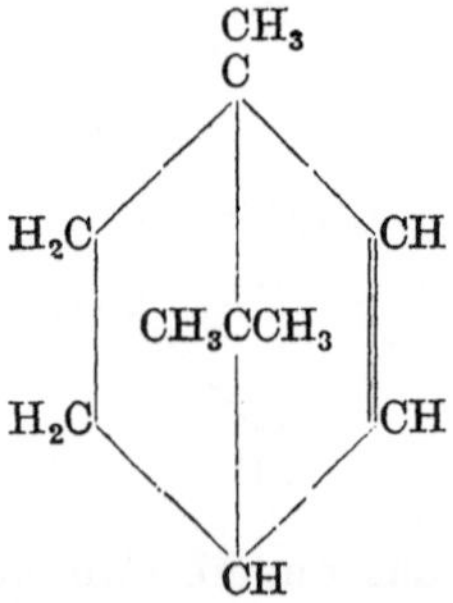

CH_3
C

H_2C CH

CH_3CCH_3

H_2C CH

CH

billigt *Semmler* deshalb nicht, weil bei der Oxydation mit Kaliumpermanganat auch nach eigenen vielfachen Versuchen in neutraler Lösung niemals Campher-

[1]) Vgl. *Bredt:* Ann. d. Ch. **310**, 134.

säure entsteht, während Bornylen[1]) solche liefert; daher erteilte auch *Semmler* dem Bornylen obige Formel. Hingegen nahm er für die Bildung des Camphens aus dem Pinenchlorhydrat folgenden Vorgang an[2]):

CH_3 C, H_2C, CHCl, CH_3CCH_3, H_2C, CH_2, CH → CH_3 C, H_2C, CH, CH_3CCH_3, H_2C, CH_2, C

Unter Einwirkung von Säuren wird der Dreiring gesprengt, und es entsteht Camphen.

CH_3 C, H_2C, CH, $(CH_3)_2C$, H_2C, CH_2OH, CH → CH_3 C, H_2C, C, $(CH_3)_2C$, H_2C, CH_2

Obgleich späterhin auch *Semmler*[3]) von seiner Formel abkam, da die eigentümliche Oxydierbarkeit des Camphens zu Carboxylapocamphersäure, welche dreibasisch ist und beim Erhitzen in Kohlensäure und Apocamphersäure zerfällt, nicht plausibel ist, weshalb er für das Camphen einen Sechsring nebst einem Dreiring annahm, so daß dessen Entstehung aus dem Pinenchlorhydrat folgendermaßen sich ableiten würde,

CH_3 C, H_2C, CHCl, CH_3CCH_3, H_2C, CH_2, CH → C, CH_2, H_2C, CH, CH_3CCH_3, H_2C, CH_2, CH

[1]) Vgl. auch *Spitzer:* Ann. d. Ch. **197**, 129; *Tschugaeff:* Chem.-Ztg. **24**, 519; *Wagner:* Ber. d. chem. Ges. **33**, 2123.

[2]) *Semmler:* Ber. d. chem. Ges. **33**, 3421 u. f.

[3]) Journ. chem. soc. **1911**, 99 (1887).

wurde selbst in der letzten Zeit noch von *Henderson* und *Heilbronn* daraus, daß Bornylen bei der Oxydation mit Chromylchlorid Camphenilanaldehyd liefert, auf eine Verwandtschaft des Bornylens und Camphens geschlossen und beiden Kohlenwasserstoffen die untenstehenden Formeln erteilt[1]):

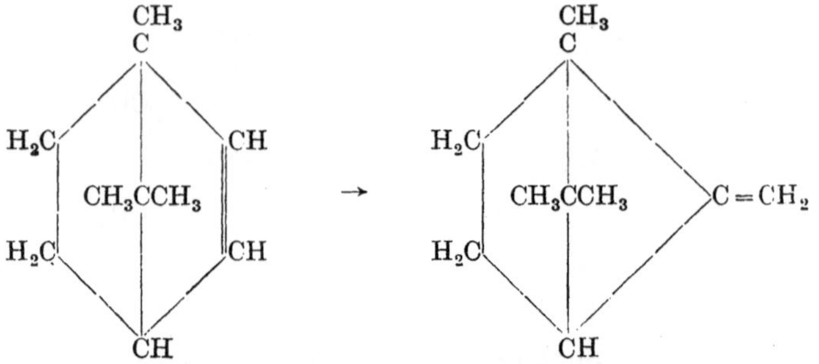

CH_3
C
H_2C CH
CH_3CCH_3 →
H_2C CH
CH
Bornylen

CH_3
C
H_2C
CH_3CCH_3 $C=CH_2$
H_2C
CH
Camphen
(alte *Semmler*sche Formel)

Es läßt sich nicht verkennen, daß diese Formel zwar vielen Eigenschaften des Camphens gerecht wird, aber z. B. die abweichende Eigenart beider Isomerer bezüglich der Essigsäureanlagerung nicht erklärt[1]).

Einen gewissen Anhaltspunkt für die Wahl der Camphenformel geben jedoch die Untersuchungen von *Balbiano* und *Paolini*, nach welchen Merkuriacetat auf Terpenkohlenwasserstoffe mit der Gruppe C_3H_5 verschieden einwirkt, je nachdem eine Propenylgruppe — $CH:CH \cdot CH_3$ — oder eine Allylgruppe — $CH_2 \cdot CH:CH_2$ — vorhanden ist. Im ersteren Falle wirkt das Merkuriacetat oxydierend, im letzteren Falle lagert es sich an. Nun entsteht aus l- oder d-Pinen ein Ketonalkohol, der mit verdünnter Schwefelsäure in Carvacrol, durch Oxydation in Terpenylsäure übergeht, woraus eben für Pinen das Vorhandensein einer Propenylgruppe folgt.

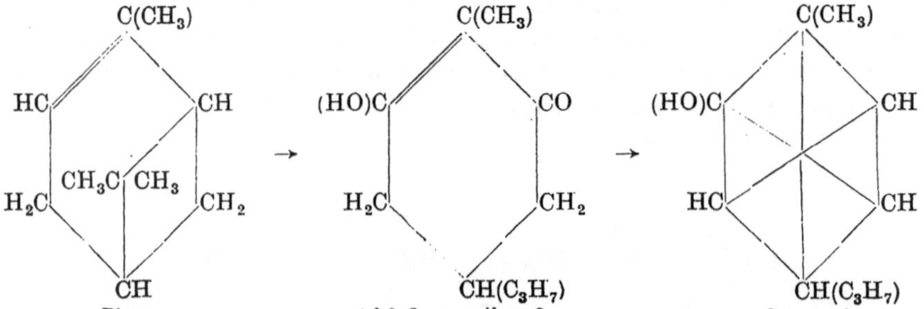

$C(CH_3)$
HC CH
CH_3C CH_3
H_2C CH_2
CH
Pinen

→

$C(CH_3)$
(HO)C CO
H_2C CH_2
$CH(C_3H_7)$
$\triangle^6$-6 Oxymenthen 2-on

→

$C(CH_3)$
(HO)C CH
HC CH
$CH(C_3H_7)$
Carvacrol

---

[1]) *Moycho* u. *Zienkowski* halten das aus Isoborneol durch Wasserabspaltung entstehende Camphen nicht für einheitlich, sondern für ein Gemenge; dem Isoborneol geben sie folgende Konstitution (Ann. d. Ch. **339**, 20):

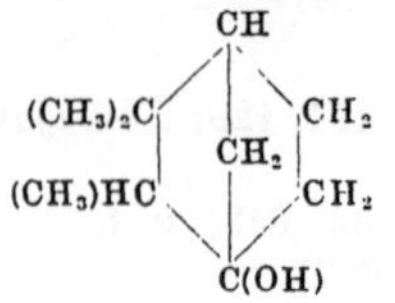

CH
$(CH_3)_2C$ CH_2
CH_2
$(CH_3)HC$ CH_2
C(OH)

Camphen hingegen bildet ein Additionsprodukt von der Formel $C_{10}H_{16}O(HgC_2H_3O_2)_2$, welches mit Schwefelwasserstoff behandelt, Camphen regeneriert. Daraus folgt das Vorhandensein einer endständigen Äthylenbindung und die Formulierung des Camphens nach *Wagner*.

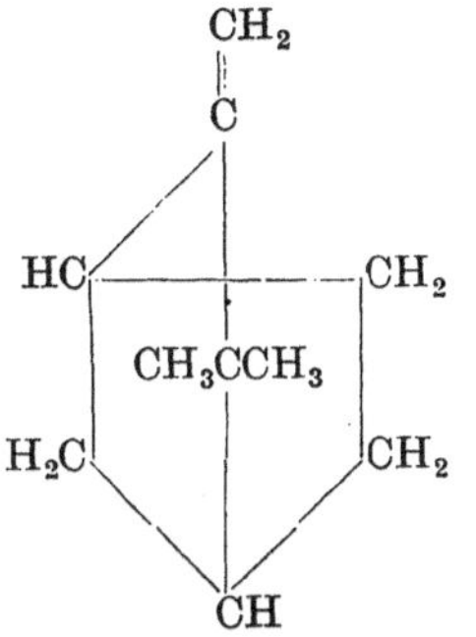

CH_2 = C; HC, CH_2; CH_3CCH_3; H_2C, CH_2; CH

oder

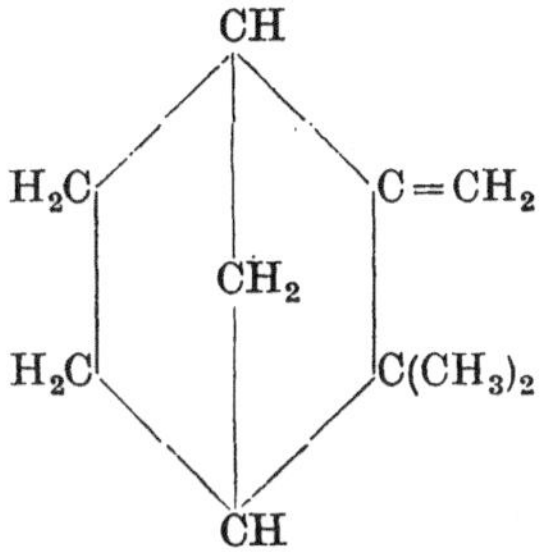

CH; H_2C, C = CH_2; CH_2; H_2C, $C(CH_3)_2$; CH

Die Klärung der Ansicht über die Konstitution des Camphens und Bornylens brachten einige, in den letzten Jahren ausgeführte rühmenswerte Experimentalarbeiten.

Vor allem hatte *Aschan* die Einheitlichkeit des Camphens nachgewiesen, sodann war es *Auwers* [1]), welcher auf Grund spektrochemischer Untersuchungen zum Schlusse gelangte, daß Camphen ein semicyclisches Gebilde ist, weil die Molekularrefraktion größer ist, als für die Formel $C_{10}H_{16}$ berechnet, daß somit dem Camphen die *Wagner*sche Formel zuzuteilen ist.

Eine weitere Bestätigung dieser Camphenformel haben *Buchner* und *Weigand* [2]) erbracht. Sie erhielten nämlich mit Diazoessigsäuremethylester in Gegenwart von Kupferpulver aus Camphen eine Spirocyclopropancarbonsäure, welche weiterhin durch Reduktion und oxydativen Abbau zu einer 1,1,2-Cyclopropantricarbonsäure führte, was nur möglich war, wenn das Camphen eine semicyclische Doppelbindung besitzt.

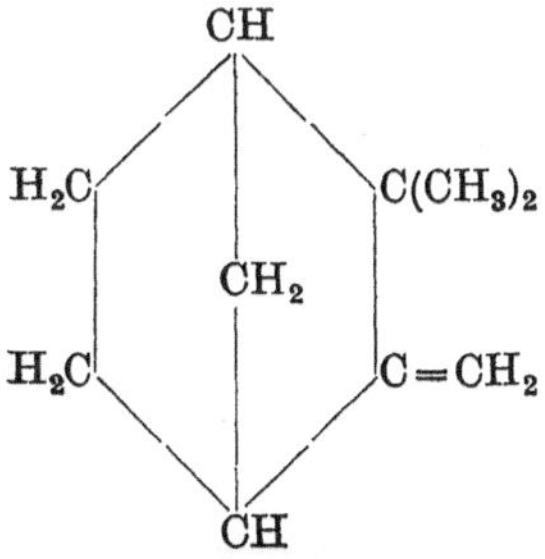

CH; H_2C, $C(CH_3)_2$; CH_2; H_2C, C = CH_2; CH

Camphenformel von *Wagner*

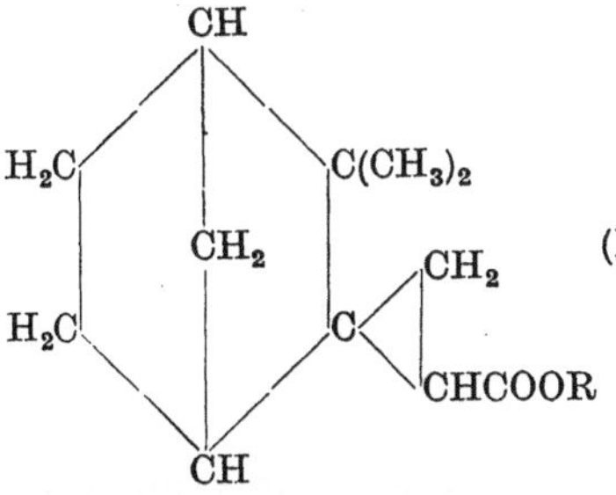

CH; H_2C, $C(CH_3)_2$; CH_2; H_2C, C < (CH_2, CHCOOR); CH

2,2-Dimethylnorcamphan 3-spirocyclopropancarbonsäuremethylester

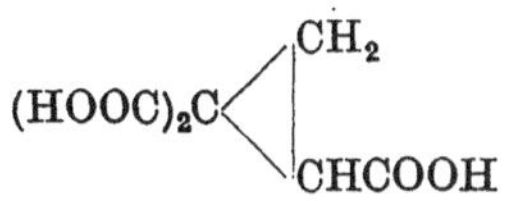

$(HOOC)_2C$ < (CH_2, CHCOOH)

1,1,2-Cyclopropantricarbonsäure.

1) *Auwers:* Ann. d. Ch. **387**, 240 (1912). Vgl. auch *Haworth* u. *King:* Journ. chem. soc. **101**, 1975 (1912) und *Aschan:* Ann. d. Ch. **398**, 299.

2) *Buchner* u. *Weigand:* Ber. d. chem. Ges. (46) **759**, 2108 (1913).

Auf die gleiche Weise zeigten sie, daß Bornylen eine endocyclische Doppelbindung besitze, da es mit Diazoessigsäuremethylester ein tricyclisches Kondensationsprodukt liefert, welches durch oxydativen Abbau in 1,2,3-Cyclopropantricarbonsäure übergeht[1]).

C(CH_3), H_2C, CH, CH_3CCH_3, H_2C, CH, CH → CH_3 C, H_2C, CH, H_3CCCH_3, CH·$COOCH_3$, H_2C, CH, CH → COOH, CH, C(COOH)(H), CH, COOH

1,5,5-Trimethyltricycloctancarbonsäuremethylester

1,2,3-cyclopropantricarbonsäure.

Die Umwandlung des Borneols und Isoborneols in Camphen geht unter Atomverschiebungen vor sich, welche eine durchgreifende Änderung des Ringsystems bewirken. Eine Aufklärung dieser Erscheinung ist bis jetzt nur teilweise erfolgt[2]). *Wagner*, welcher bei Aufstellung seiner Camphenformel sich keineswegs dieser Tatsache verschloß, zog zur Erklärung die Analogieerscheinung der Umwandlung des Pinakolinalkohols in das Tetramethyläthylen herbei[3]).

$$(CH_3)_3C-CH(OH)-CH_3 \rightarrow \frac{CH_3}{CH_3}\!>C=C<\!\frac{CH_3}{CH_3}.$$

H. Meerwein, welcher die Pinakolinumlagerungen experimentell studierte[4]), führt als Umlagerungsbeispiel an, daß

C(CH_3)$_2$, H_2C, CH(OH), CH_3, H_2C, CH_2, CH_2 → C(CH_3), H_2C, C, CH_3, H_2C, CH_2, CH_2 oder C, H_2C, C(CH_3), CH_2, H_2C, CH_3, CH_2

[1]) Vgl. auch *H. Meerwein:* Ann. d. Ch. 1914, 129, sowie *Henderson* u. *Pollock:* Journ. chem. soc. **97**, 1626 (1910).

[2]) Vgl. auch *H. Meerwein* u. *van Emster:* Ber. d. chem. Ges. **53**; 1815 u. f., sowie die weiteren Ausführungen dieses Kapitels.

[3]) Ber. d. chem. Ges. **32**, 2323.

[4]) *H. Meerwein:* Ann. d. Ch. **405**, 129. 133.

Dimethylcyclohexanol übergeht in Isopropylidencyclopentan, und daß ferner

CH_3 C, H_2C, $CH(OH)$, CH_2, H_2C, CH_3, $CH(C_3H_7)$ → CH_3 C, H_2C, C, CH_2, H_2C, CH_3, $CH(C_3H_7)$ oder C, H_2C, $C(CH_3)$, CH_3, H_2C, CH_2, $CH(C_3H_7)$

3-Isopropyl 1,1-Methyl-α-oxäthylcyclopentan übergeht in 1,2-Dimethyl 4 isopropyl-Δ^1 Cyclohexen.

Beiden Reaktionen analog verlaufe auch der Übergang von Borneol in Camphen [1]).

CH_3 C, H_2C, CHOH, CH_3CCH_3, H_2C, CH_2, CH — Borneol

CH_2 ‖ C, H_2C, CH, CH_3CCH_3, H_2C, CH_2, CH oder CH, H_2C, $C=CH_2$, CH_2, H_2C, $C{<}^{CH_3}_{CH_3}$, CH — Camphen

Ebenso verwickelt war die Sachlage bezüglich der Formeln, welche den Muttersubstanzen des Camphens, nämlich dem Borneol und Isoborneol zukommen. Daß sie nicht analog reagieren, geht schon aus der Verschiedenheit der Abspaltungsprodukte hervor, noch mehr aber aus derjenigen der Reduktionsprodukte [2]).

Als nämlich *Semmler* Isoborneol mit der doppelten Menge Zinkstaub im geschlossenen Rohr auf 220° C erhitzte, erhielt er einen Kohlenwasserstoff $C_{10}H_{18}$ (Isohydrocamphen). Borneol, auf die gleiche Weise behandelt, gab den Sauerstoff nicht ab. Hieraus folgerte *Semmler*, daß Isoborneol ein tertiärer Alkohol sei, weil nur ein solcher erfahrungsgemäß von Zink leicht reduziert wird. Da außerdem Pinenhydrochlorid in alkoholischer Lösung mit Natrium behandelt, ein Hydrocamphen von höherem Schmelzpunkt und anderer Kristallform gab, als das aus Isoborneol mit Zink erhaltene, erteilte *Semmler* dem Borneol folgende Konstitution [3]):

---

[1]) Über die *Wagner*sche Umlagerung, welche über ein Tricyclen erfolgen könnte, vgl. *Ruzicka:* Helvetica chimica acta 1; 710 (1918), sowie *Meerwein* u. *van Emster:* l. c.

[2]) *Semmler:* Ber. d. chem. Ges. **1902**, 1016.

[3]) *Semmler:* Ber. d. chem. Ges. **33**, 776.

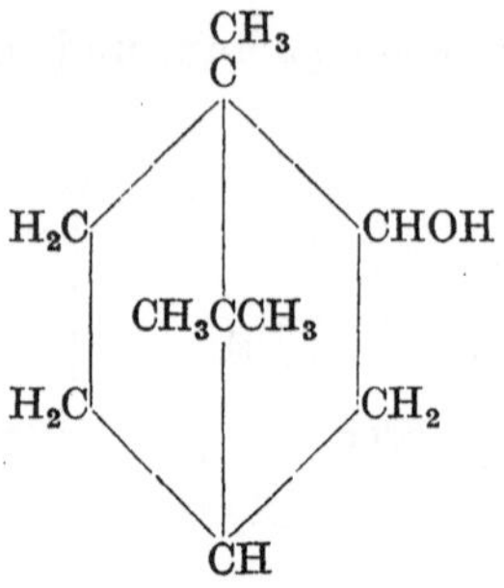

CH_3
C
H_2C CHOH
CH_3CCH_3
H_2C CH_2
CH

oder

CH
CH_3HC CHOH
CH_2
CH_3 C CH_2
CH_3
CH

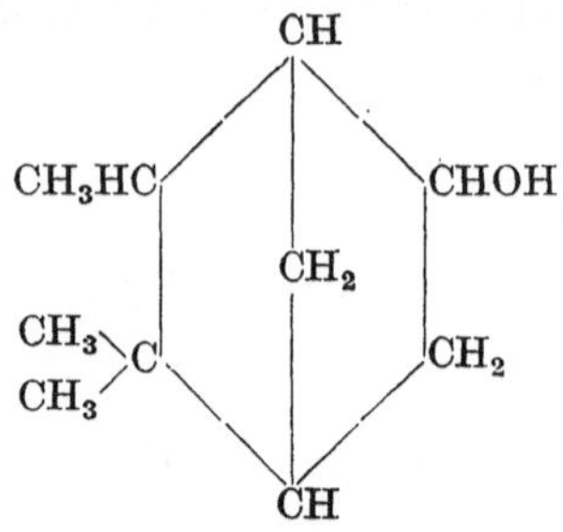

Durch Reduktion des Camphenhydrochlorids mit Natrium und Alkohol erhielt *Semmler* ein Kohlenwasserstoffgemisch vom Schmelzp. 95° C. Wird durch Oxydation mit Kaliumpermanganat in Eisessig das Camphen hieraus entfernt, so bleibt $C_{10}H_{18}$ (Schmelzp. 150° C) zurück, welches identisch ist mit dem aus Campher gewonnenen Dihydrocamphen[1]). Hieraus schließt *Semmler,* daß in den Halogenwasserstoffadditionsprodukten, zwei Formen, und zwar:

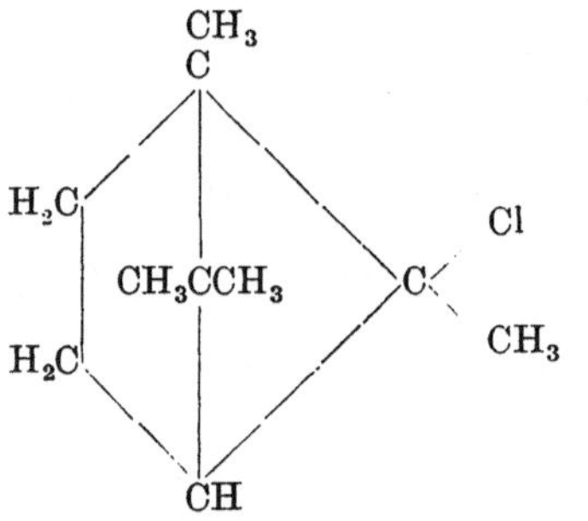

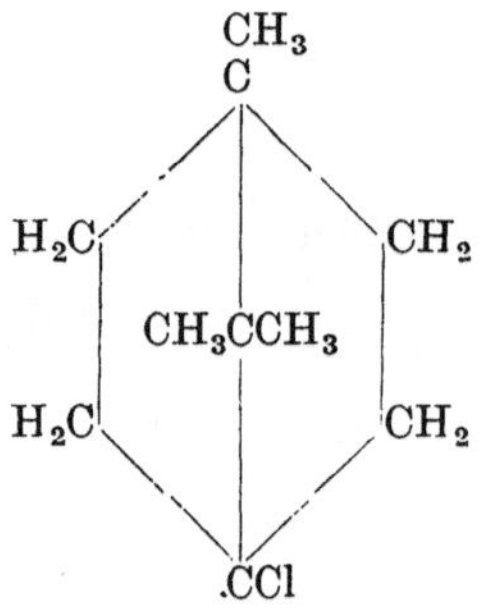

CH_3
C
H_2C Cl
CH_3CCH_3 C
H_2C CH_3
CH

CH_3
C
H_2C CH_2
CH_3CCH_3
H_2C CH_2
CCl

vorhanden sind.

Während nun *Bertram* und *Walbaum* Isoborneol einfach als stereochemisches Isomeres des Borneols betrachteten, gab *Semmler* infolge des durch Behandlung mit Zinkstaub entstehenden Isodihydrocamphens[2]) dem Isoborneol folgende, der tertiären Natur dieses Alkohols entsprechenden zwei Konstitutionsformeln, welche mit seinen Camphenformeln korrespondieren, und nahm in gewöhnlichem Isoborneol das Vorhandensein beider Modifikationen an:

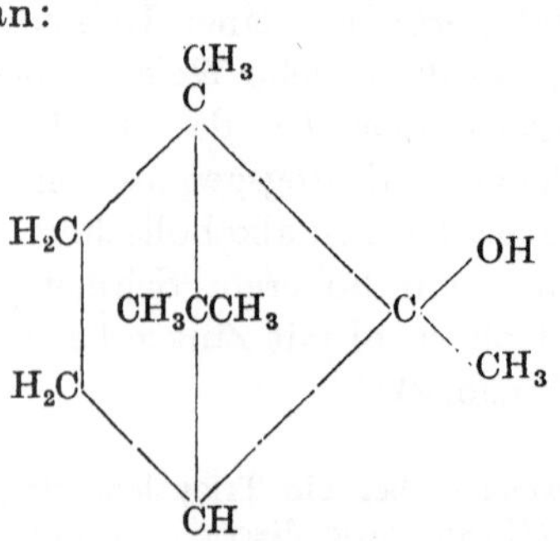

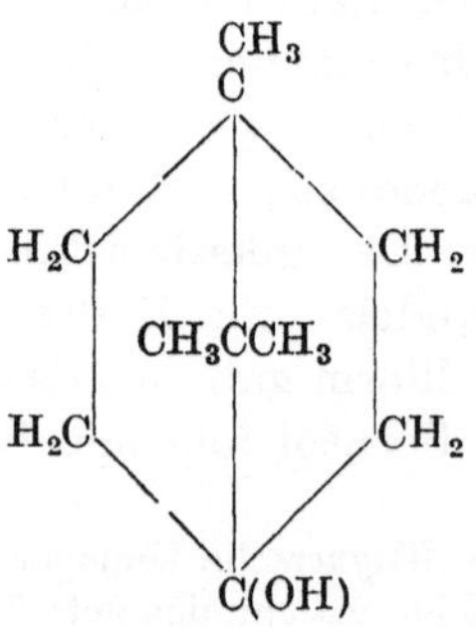

CH_3
C
H_2C OH
CH_3CCH_3 C
H_2C CH_3
CH

CH_3
C
H_2C CH_2
CH_3CCH_3
H_2C CH_2
C(OH)

---

1) *Semmler:* Ber. d. chem. Ges. **39**, 3428.

2) Ber. d. chem. Ges. **33**, 774.

Die erste Formel würde seinem Camphentypus entsprechen; das so konstituierte Isoborneol ist optisch aktiv und gibt, reduziert, einen Kohlenwasserstoff $C_{10}H_{18}$ vom Schmelzp. 154° C; die zweite Formel entspricht dem Camphertypus, einem inaktiven Isoborneol, welches, reduziert, Dihydrocamphen gibt.

Die tertiäre Natur des dem Camphertypus entsprechenden Isoborneols könnte jedoch nur dann erklärt werden, wenn man für Bornylen und Camphen die beiden folgenden Formeln annimmt:

```
         CH3                          CH3
          C                            C
        / | \                        / | \
  H2C /   |   \ CH            H2C  /   |   \ CH2
     |    |    ||                 |    |     |
     | CH3CCH3 ||                 | CH3CCH3  |
     |    |    ||                 |    |     |
  H2C \   |   / CH            H2C  \   |   // CH
        \ | /                        \ | //
         CH                            C
      Bornylen.                     Camphen
```

Diese Formel des Camphens würde wiederum zwar leicht dessen Übergang in Isobornylacetat, nicht aber dessen Oxydation zu Carboxylapocamphersäure erklären.

Betont sei jedoch, daß *Bredt* diejenige Formel, welche er dem Camphen zuerst erteilte [1]), ihm auch später noch zuwies.

```
         CH3
          C
        / | \
  H2C /   |   \ CH
     |    |    ||
     | CH3CCH3 ||
     |    |    ||
  H2C \   |   / CH
        \ | /
         CH
```

Während die Konstitution des Borneols nur von derjenigen des Camphers, aus dem es durch Reduktion leicht gewonnen und in den es durch Oxydation leicht übergeführt werden kann, abhängt, daher als dessen zugehöriger sekundärer Alkohol aufzufassen ist, steht die Konstitution des Isoborneols, wie bereits die vorangehenden Erörterungen dartaten, im Zusammenhange mit dem Camphen, aus welchem es durch Säureanlagerung leicht gewonnen und durch Erhitzen mit Chlorzink etc. rückverwandelt werden kann. *Bertram* und *Walbaum* [2]) fassen das Isoborneol als stereoisomere Verbindung des Borneols

---

[1]) *Bredt* u. *Jagelki:* Ann. d. Ch. **310**, 112 (1900).

[2]) Ber. d. chem. Ges. **36**, 2575.

```
          CH3
           C
         / | \
    H2C    |    CHOH
     |  CH3CCH3  |
    H2C    |    CH2
         \ | /
          CH
```

auf, somit als sekundären Alkohol. Mit Rücksicht darauf, daß es neben Borneol bei der Reduktion des Camphers entsteht, müßte diese Auffassung auch als berechtigt erscheinen und ihm folgende Konstitution mit Bezug auf die oben angeführte des Borneols erteilt werden:

```
          CH3
           C
         / | \
    H2C    |   HO—CH
     |  CH3CCH3  |
    H2C    |     |
         \ | /
          CH
      Isoborneol
```

Wie bereits gezeigt, betrachtet *Semmler* das Isoborneol auf Grund dessen Reduzierbarkeit mit Zinkstaub zu Isohydrocamphen als tertiären Alkohol. Auch *Moycho* und *Zienkowski*[1]) teilen diese Ansicht und geben ihm die nachfolgende Struktur:

```
         C(OH)
         / | \
    H2C    |    CH(CH3)
     |    CH2    |
    H2C    |    C(CH3)2
         \ | /
          CH
```

Aber nicht nur die obenerwähnte Reduktionsfähigkeit unter Abspaltung von Sauerstoff, sondern die gesamten Reaktionsverhältnisse beider Alkohole waren maßgebend für die Annahme, daß sie nicht einfach stereomer seien. Während Isoborneol nämlich die Fähigkeit besitzt, beim Erhitzen mit Eis-

---

[1]) *Moycho* u. *Zienkowski:* Ann. d. Ch. **339**, 20. Es sei darauf hingewiesen, daß diese Forscher das aus Isoborneol durch Wasserabspaltung entstehende Camphen nicht für einheitlich, sondern für ein Gemenge halten.

essig Camphen und Wasser abzuspalten, liefert Borneol unter diesen Bedingungen ein krystallinisches Acetat[1]). Isoborneol zerfällt beim Kochen mit verdünnter Schwefelsäure, sowie mit Benzol und Zinkchlorid leicht in Wasser und Camphen, verwandelt sich weiterhin beim Erwärmen mit methyl- und äthylalkoholischer Schwefelsäure leicht in die korrespondierenden Äther, während Borneol unter gleichen Bedingungen nicht Camphen liefert und den Methyläther erst nach längerem Erhitzen[2]). Auch *Bouchardat* und *Lafont*[3]) beobachteten einen Unterschied beim 24stündigen Erhitzen für sich auf 250° C, indem hierbei Borneol unverändert bleibt, während Isoborneol in Camphen und Wasser gespalten wird; demnach zeichnet sich das Isoborneol durch große Neigung zur Wasserabspaltung aus, wogegen die Elemente des Wassers im Borneol fest gebunden sind[4]).

Dennoch ist nach *Hesse* an der sekundären Natur des Isoborneols deshalb nicht zu zweifeln, weil die technischen Oxydationsmethoden Borneol und Isoborneol zum selben Campher oxydieren[5]). Daß Borneol und Isoborneol nur stereoisomer sind, geht nach *Hesse* auch aus der Umwandlung von Isoborneol in Borneol bei der Einwirkung von Natrium auf die Xylollösung, sowie aus den Darlegungen *Bredts* hervor.

Die Tatsache, daß die Chlorhydrate des Pinens und Camphens das gleiche Camphan erzeugen, liefert nach *Hesse* einen weiteren Beweis dafür, daß Pinenchlorhydrat mit Bornylchlorid identisch ist und dasselbe Kohlenstoffskelett wie Camphenchlorhydrat besitzt, daß ferner Camphenchlorhydrat und Pinenchlorhydrat strukturidentisch sind, so daß ihre Verschiedenheit von einer Stereoisomerie herrührt[6]); weiter erklärt *Hesse*, auch Borneol, das sowohl aus Pinen- wie Camphenchlorhydrat entstehen kann, mit Isoborneol, welches sich nur aus Camphenchlorhydrat bildet, als stereoisomer und nimmt daher folgende Beziehungen an:

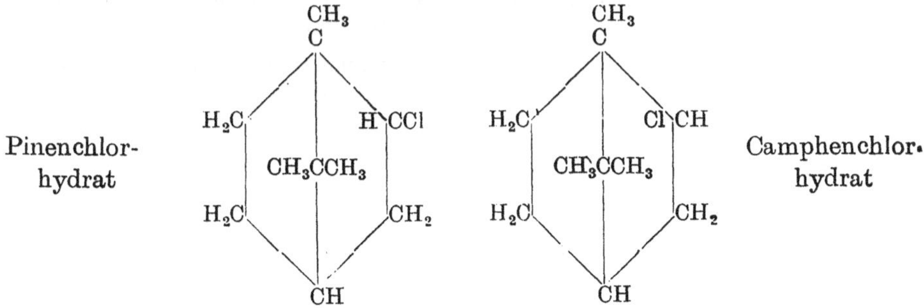

[1]) Vgl. *Haller:* Ann. Chim. Phys. (6) **27**, 417 (1892).

[2]) Vgl. *Bertram* u. *Walbaum:* Journ. f. pr. Ch. **49**, 1 (1894) und *Hesse:* Ber. d. chem. Ges. **39**, 1142.

[3]) *Bouchardat* u. *Lafont:* Compt. rend. **118**, 249.

[4]) Vgl. auch *Wagner* u. *Brickner:* Ber. d. chem. Ges. **32**, 2304.

[5]) Ber. d. chem. Ges. **39**, 1131 u. f.

[6]) Vgl. die späteren Ausführungen über die Beziehungen zwischen Isoborneol und Camphen.

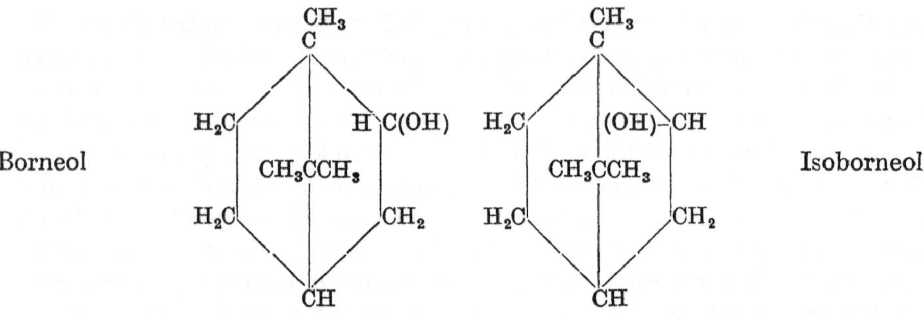

Auch die Reaktionsunterschiede zwischen Borneol und Isoborneol sind nach *Hesse* lediglich graduelle; so z. B. erfolgt die Bildung eines Methyläthers beim Borneol nur weit langsamer als beim Isoborneol; dies rührt daher, daß die Methylierung beider Alkohole nur in einer Addition von Methylalkohol an intermediär entstehendes Camphen besteht, welches sich eben mit verschiedener Leichtigkeit bildet.

Daß viele der Reaktionsunterschiede beider Alkohole nur auf der leichteren oder schwierigeren Bildung des intermediär entstehenden Camphens beruhen, geht auch aus folgendem hervor:

Nach *Jünger* und *Klages* liefert Camphenhydrochlorid, aus Isoborneol und PCl_5 erhalten, durch Behandeln mit Eisessig Isobornylacetat. Bornylchlorid in gleicher Weise behandelt, gab nicht Bornylacetat, sondern gleichfalls Isobornylacetat. *Jünger* und *Klages* erklären diesen Umstand ebenfalls durch die Annahme, daß beide Chloride vorher in Camphen und Salzsäure gespalten werden, so daß Eisessig in Gegenwart letzterer die Umwandlung in Isobornylacetat bewirkt. Sie nehmen daher für Borneol und Isoborneol gleichfalls Raumisomerie an [1]).

Es muß nach alledem dem Isoborneol der Platz als ein dem Borneol raumisomerer Alkohol zugewiesen werden. — Bei der Entscheidung darüber, welche Formel dem Borneol, welche dem Isoborneol zuzuweisen ist, muß in Betracht gezogen werden, daß es sich beim Camphan und dessen Derivaten wesentlich um zwei Fünfringe handelt; *Bredt* hat dem weniger reaktionsfähigen Hydroxyl im Borneol die Stellung vom Ring abgewandt, der reaktions-

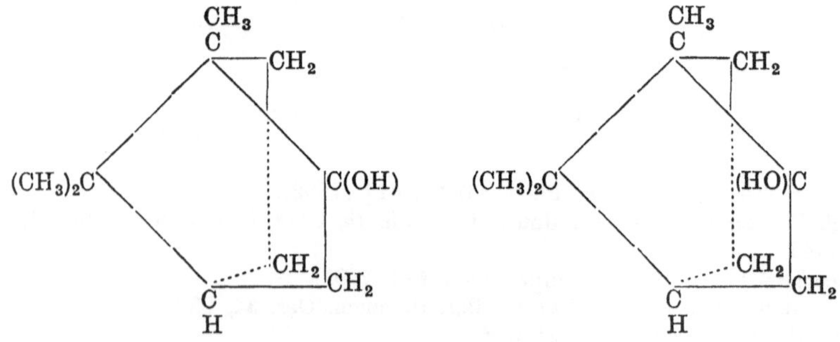

[1]) *Jünger* u. *Klages:* Ber. d. chem. Ges. 29, 544.

fähigeren gleichen Gruppe im Isoborneol die der Mitte des Ringes zugekehrte Stellung zugewiesen[1]).

Unter Voraussetzung der Gültigkeit der Wagnerschen Camphenformel sind zwei dem Borneol isomere Alkohole zu erwarten. Tatsächlich wurden dieselben gefunden. Der eine wurde von *Tschugaeff* zuerst dargestellt und stellt Methylcamphenilol vor; der andere wurde von *Aschan* aufgefunden, nämlich Camphenhydrat. *Aschan*[2]) hat die Isomerieverhältnisse aufgeklärt und damit die *Wagner*sche Camphenformel bestätigt.

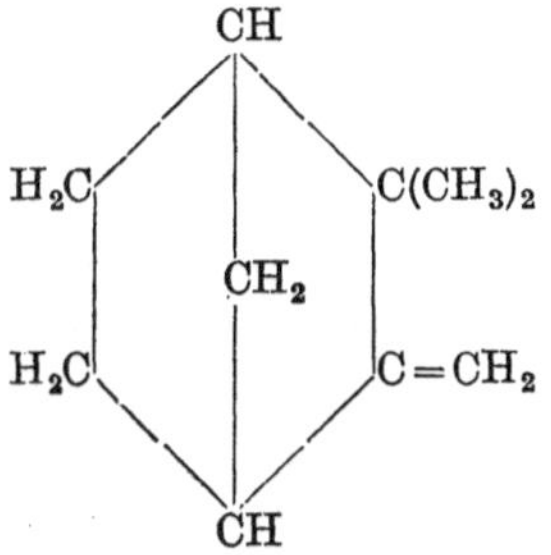

CH; H_2C; $C(CH_3)_2$; CH_2; H_2C; $C{=}CH_2$; CH

Camphen

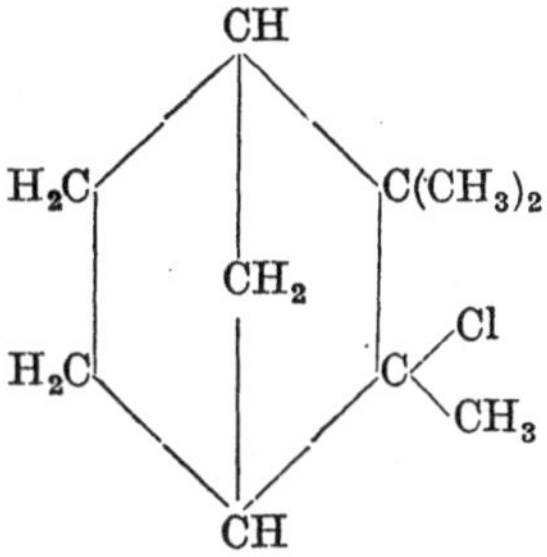

CH; H_2C; $C(CH_3)_2$; CH_2; H_2C; C(Cl)(CH_3); CH

Camphenhydrochlorid

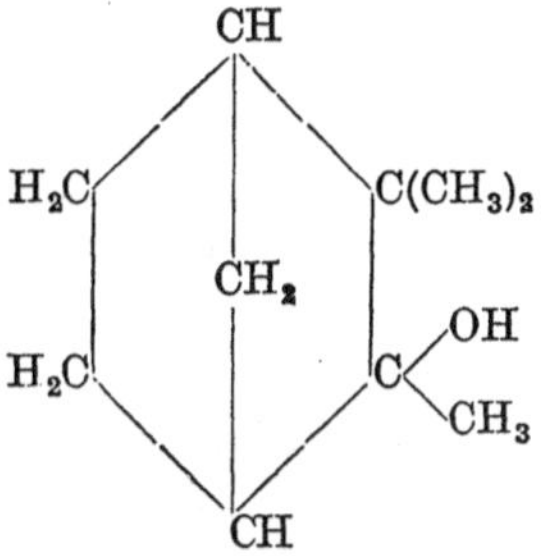

CH; H_2C; $C(CH_3)_2$; CH_2; H_2C; C(OH)(CH_3); CH

Methylcamphenilol

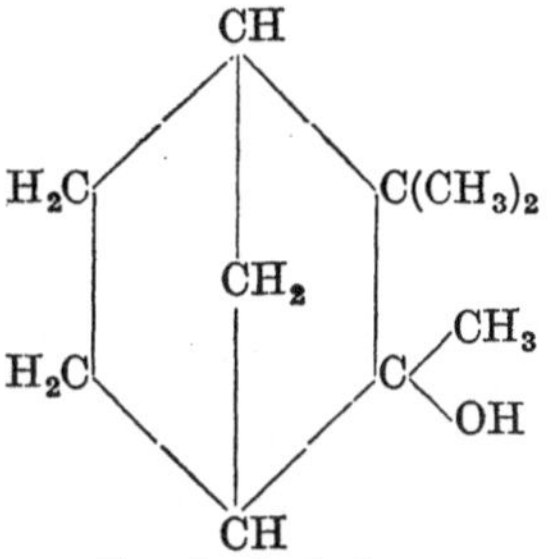

CH; H_2C; $C(CH_3)_2$; CH_2; H_2C; C(CH_3)(OH); CH

Camphenhydrat

Und so sind auch die tertiären Alkohole, als deren einer das Isoborneol fälschlich angesehen wurde, aufgefunden, aber sie sind repräsentiert durch das Methylcamphenilol vom Schmelzp. = 117 bis 118° C und Siedep. = 204 bis 206° C und durch das Camphenhydrat vom Schmelzp. = 150 bis 151° C und Siedep. = 206 bis 207,5° C[3]).

Nunmehr konnten *Meerwein* und *van Emster* durch ihre Untersuchungen Licht in das Dunkel dieser interessanten Beziehungen bringen und es läßt sich von den weiteren Arbeiten dieser Forscher bald völlige Aufhellung über den Prozeß, welcher vom Terpentinöl zum Campher führt, erwarten.

Wie nämlich bereits erörtert, wurde zur Erklärung der Umwandlung von Camphen in Isoborneol und umgekehrt die intermediäre Bildung eines

[1]) *Bredt* in der Festschrift zu *A. Wüllners* 70. Geburtstag nach dem Ber. von *Schimmel & Cie.*, Okt. 1905.

[2]) *Aschan:* Ann. d. Ch. **410**, 222.

[3]) Nach *Meerwein* u. *van Emster* l. c. schmilzt Camphenhydrat bei 146—147 ° C.

Tricyclens angenommen. Dieser Kohlenwasserstoff müßte folgende Konstitution besitzen:

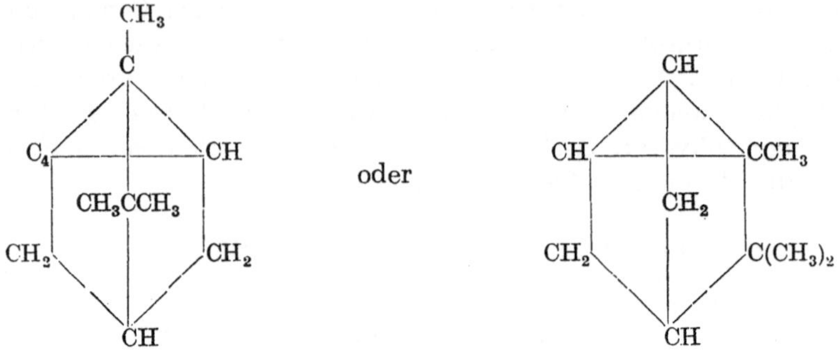

CH_3
C
C_4 CH
CH_3CCH_3
CH_2 CH_2
CH

oder

CH
CH CCH_3
CH_2
CH_2 $C(CH_3)_2$
CH

Allein *Meerwein* und *van Emster*[1]) wiesen an einem aus Campherhydrazon leicht und reichlich hergestelltem Kohlenwasserstoffe dieser Formel nach, daß unter den Bedingungen, unter welchen Isoborneol in Camphen übergeht, Tricyclen nicht verändert wird, so daß es nicht als Übergangsprodukt bei derartigen Reaktionen fungieren kann. Wohl aber gelang es den genannten Forschern, mit Hilfe des Tricyclens die Zusammenhänge dieser Umsetzungen aufzudecken. Als sie nämlich in eine ätherische Lösung von Tricyclen unter Kühlung Salzsäure einleiteten, erhielten sie ein schön krystallisiertes Chlorhydrat (Schmelzp. 125 bis 127° C), von mentholartigem Geruche, das sich sowohl vom Pinenchlorhydrat, als auch vom Isobornylchlorid charakteristisch unterschied, aber identisch war mit dem aus Camphen unter den gleichen Versuchsbedingungen erhaltenen Chlorhydrat. Demnach stellt das aus Tricyclen erhaltene Produkt das wahre, bis dahin unbekannte Camphenchlorhydrat, das Chlorid des *Aschan*schen Camphenhydrates vor. Die Bildung dieser Chlorverbindung aus Tricyclen und aus Camphen läßt sich somit folgendermaßen darstellen:

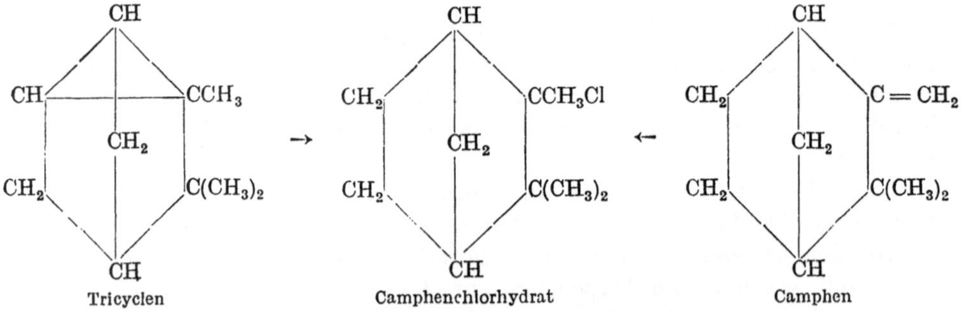

CH
CH CCH_3
CH_2
CH_2 $C(CH_3)_2$
CH
Tricyclen

→

CH
CH_2 CCH_3Cl
CH_2
CH_2 $C(CH_3)_2$
CH
Camphenchlorhydrat

←

CH
CH_2 $C=CH_2$
CH_2
CH_2 $C(CH_3)_2$
CH
Camphen

Im reinen Camphenchlorhydrat ist die Salzsäure so leicht abspaltbar, daß sie schon bald nach der Reindarstellung des Präparates beginnt und durch die katalytische Wirkung von Säuren sehr begünstigt wird. Immerhin geht sie bei reinen Präparaten erst bei 150° C vor sich, während unreine

[1]) *Meerwein* u. *van Emster:* l. c.

Präparate sich schon beim Schmelzen zersetzen. Diese Umstände bewirken auch die geringe Stabilität der Produkte, welche schon beim Aufbewahren, beim Umkrystallisieren u. dgl. in Erscheinung tritt und begünstigt wird durch die gleichzeitig erfolgende Umlagerung in Isobornylchlorid. Wird Camphenchlorhydrat mit Wasser geschüttelt, so geht es in wenigen Stunden quantitativ in Camphenhydrat vom Schmelzp. 146 bis 147° C über. Nicht weniger leicht erfolgt die Umwandlung in Isobornylchlorid, welche beim Erhitzen im geschlossenen Rohre bei 130 bis 150° C sogar rasch vor sich geht. Daher kommt es, daß die auf gewöhnlichem Wege gewonnenen Camphenhydrochloride stets auch Isobornylchlorid enthalten. Aus diesem Verhalten beider Verbindungen, als ob sie tautomer wären, läßt sich auch der Übergang von Camphen in Isoborneol und umgekehrt durch die intermediäre Bildung eines Camphenhydratesters darstellen:

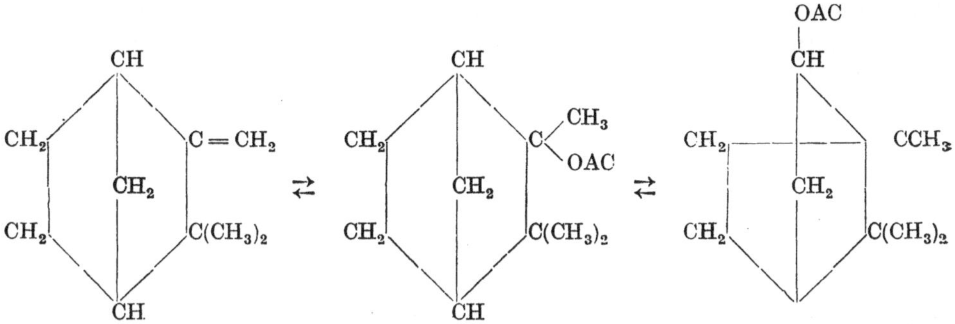

CH; CH_2, $C=CH_2$; CH_2; CH_2, $C(CH_3)_2$; CH ⇄ CH; CH_2, $C(CH_3)(OAC)$; CH_2; CH_2, $C(CH_3)_2$; CH ⇄ OAC–CH; CH_2, CCH_3; CH_2; CH_2, $C(CH_3)_2$

Camphen ⇄ Camphenhydratester ⇄ Isobornylester

Selbst die Tatsache, daß Camphen, aus Isoborneol, gleichgültig, aus welchem optisch aktiven Ausgangsprodukte immer dargestellt, ebenso inaktiv ist, wie der daraus hervorgehende synthetische Isoborneol [worauf *Lipp*[1]) aufmerksam machte], erklären *Meerwein* und *van Emster*[2]) durch den tautomeren Charakter der Camphenhydrat- und Isobornylester, welcher eine Auflockerung des Moleküls begünstigt, gegebenenfalls nehmen sie die intermediäre Bildung des symmetrisch gebauten Tricyclens an, welches nach ihrem Dafürhalten leicht aus Camphenhydrat und dessen Säurederivaten entsteht. Sie sahen daher voraus, daß alle Reaktionen, welche bei Abwesenheit von Säuren zu Bildungen von Camphen aus Isoborneol usw. führen, ein dem Ausgangsprodukt entsprechendes aktives Produkt liefern müssen.

Die Konstitution des Camphers[3]) war durch Jahrzehnte Gegenstand der Forschung und ist heute ziemlich sichergestellt. Daß Campher ein Keton

---

[1]) *Lipp:* Kunststoffe 1; 7 (1911) zit. Ber. d. chem. Ges. 53; 1827.

[2]) *Meerwein* u. *van Emster* l. c.

[3]) Über die Konstitution des Camphers gibt Aufschluß das vorzügliche Werk von *O. Aschan:* Die Konstitution des Camphers und seiner wichtigsten Derivate, Braunschweig, Fr. Vieweg & Sohn (1903).

ist, geht aus dessen charakteristischen Reaktionen (Bildung eines Oxims, Semicarbazons und p-Bromphenylhydrazons) hervor. — Aus seiner leichten Umlagerung zu Carvenon und seinem gesättigten Charakter im Gegensatze zum isomeren, ungesättigten Carvenon folgt, daß im Sechsring noch eine Brückenbindung vorhanden sein muß und dafür, daß diese Brücke die Isopropylgruppe enthält und den Sechsring in zwei gleichartige Fünfringe teilt, spricht schon der Umstand, daß die Reduktion des aus Campher gewonnenen optisch aktiven Bornyljodids zum Camphan, einem optisch inaktiven Kohlenwasserstoff führt. — Sicherheit bezüglich des Baues des Camphermoleküls hat jedoch dessen oxydativer Abbau und dessen synthetischer Aufbau gebracht.

Im Jahre 1893 stellte *Bredt*[1]) auf Grund der Tatsache, daß das Abbauprodukt des Camphers, die Camphoronsäure, bei der trockenen Destillation in Trimethylbernsteinsäure, Isobuttersäure, Kohlensäure, Wasser- und Kohlenstoff zerfällt, die Formel der Camphoronsäure als diejenige einer Trimethylcarballylsäure fest und schloß weiter daraus auf die Konstitution der Camphersäure und des Camphers.

Geht man von der von *Bredt* erteilten Konstitutionsformel aus, so vollzieht sich der Abbau des Camphers durch Oxydation etwa folgendermaßen:

```
        CH3                   CH3                      CH3
        C                     C                        C
      / | \                 / | \                    / | \
 H2C    |    CO        H2C    |    COOH         H2C    |    COOH
  |  CH3CCH3 |     →    |  CH3CCH3           →   |  CH3CCH3          →
 H2C    |    CH2       H2C    |    CH3          H2C    |    COOH
      \ | /                 \ | /                    \ | /
        CH                    CH                       CH
     Campher             Campholsäure             Camphersäure

         CH3                                    CH3
         C                                      CH
       / | \                                    | \
  H2C    |    COOH                              |   COOH
   |  CH3CCH3        →  CO2+H2+C+          CH3CCH3              und
  COOH   |                                      |
         |                                      |
        COOH                                   COOH
   Camphoronsäure                      Trimethylbernsteinsäure
```

---

[1]) *Bredt:* Ber. d. chem. Ges. **26**, 2337, 3048.

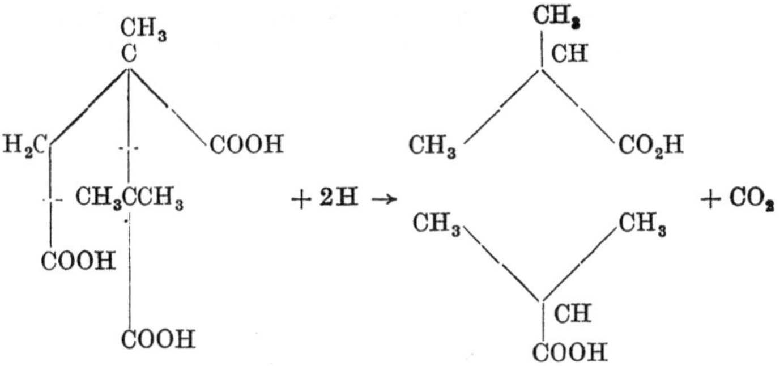

CH_3
C
H_2C COOH
CH_3CCH_3 $+ 2H \rightarrow$
COOH
COOH
Camphoronsäure

CH_3
CH
CH_3 CO_2H
$+ CO_2$
CH_3 CH_3
CH
COOH
2 Mol. Isobuttersäure

Auf jeden Fall entstanden beim Abbau derart einfache Produkte, daß durch Rückkonstruktion auf den Bau des Camphermoleküls geschlossen werden konnte. Wie zutreffend diese Schlüsse waren, zeigt der gelungene synthetische Aufbau des Camphermoleküls durch *Bredt* und *Rosenberg* und durch *Komppa*.

b) Die Totalsynthese des Camphers.

Haller hatte angegeben, daß das Bleisalz der Homocamphersäure erhitzt, einen Geruch nach Campher wahrnehmen läßt[1].)

Im Jahre 1893 hatte nun *Bredt* auf Grund des oxydativen Abbaues des Camphers die Annahme gemacht, daß das Camphermolekül zwei Pentamenthylenringe, von denen einer die CO-Gruppe in sich schließt, enthalte. Auf Grund der Tatsache, daß *Wislicenus* durch Destillation des adipinsauren Kalkes das Cyclopentanon erhalten hatte, versuchten *Bredt* und *Rosenberg* durch Destillation des homocamphersauren Kalkes in analoger Weise zu Campher zu gelangen; sie destillierten das getrocknete Kalksalz der Homocamphersäure, aus d-Campher gewonnen, im Verbrennungsofen unter Überleiten von Kohlensäure und erhielten im vorderen Teile des Verbrennungsofens ein gelbbraun gefärbtes Sublimat, welches gereinigt, identisch war mit d-Campher vom gleichen optischen Drehungsvermögen, wie das Ausgangsprodukt (durch das Oxim identifiziert)[2]).

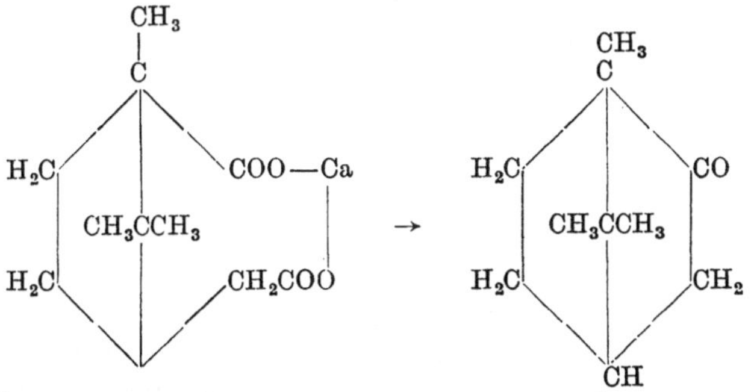

CH_3
C
H_2C COO—Ca
CH_3CCH_3 $\rightarrow$
H_2C CH_2COO

CH_3
C
H_2C CO
CH_3CCH_3
H_2C CH_2
CH

---

[1]) *Bredt:* Ann. d. Ch. **292**, 55; *Haller:* Bull. soc. chim. (3) **15**, 324 (1886).
[2]) *Bredt* u. *v. Rosenberg:* Ann. d. Ch. **289**, 1.

1909 schritt *Komppa* zur Synthese der Apocamphersäure [1]), welche eine um eine Methylgruppe ärmere homologe Verbindung der Camphersäure vorstellt.

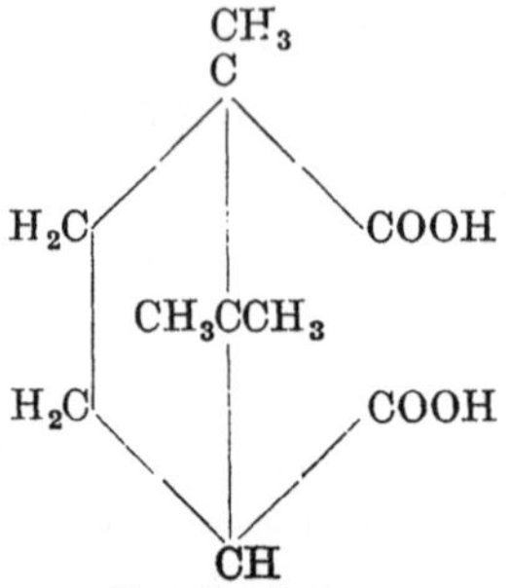

CH_3
C
H_2C COOH
CH_3CCH_3
H_2C COOH
CH
Camphersäure

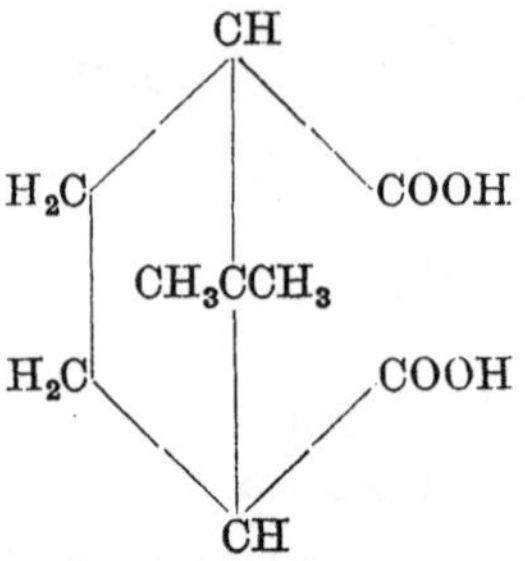

CH
H_2C COOH
CH_3CCH_3
H_2C COOH
CH
Apocamphersäure.

Campher bildet mit Natrium den sogenannten Natriumcampher, welcher sich mit Chlorcyan, wie *Haller* zeigte, zu Cyancampher umsetzt. Wird letzterer mit wässeriger Kalilauge längere Zeit erhitzt, so geht er in die Homocamphersäure über [2]).

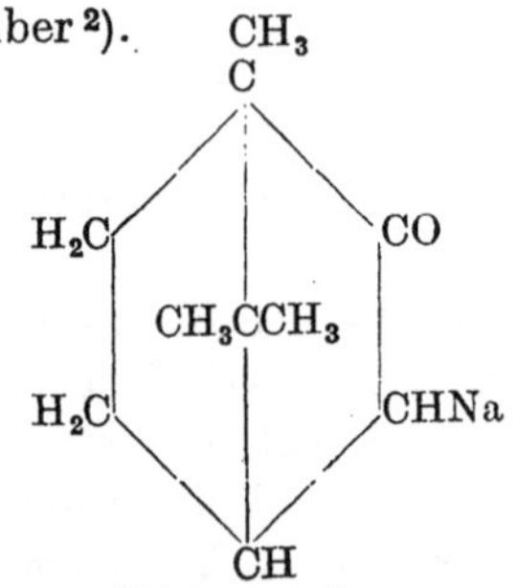

CH_3
C
H_2C CO
CH_3CCH_3
H_2C CHNa
CH
Natriumcampher

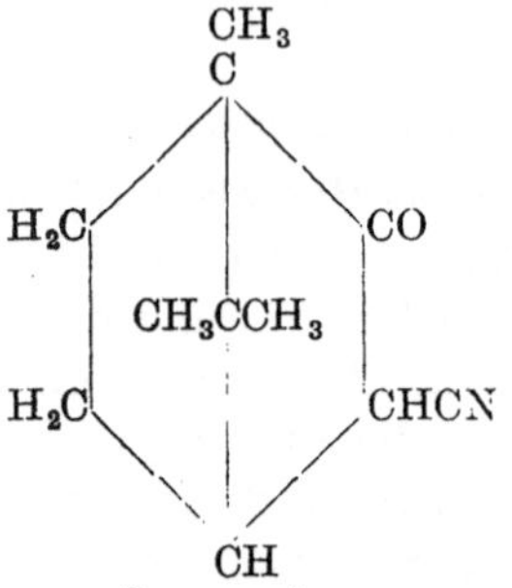

CH_3
C
H_2C CO
CH_3CCH_3
H_2C CHCN
CH
Cyancampher

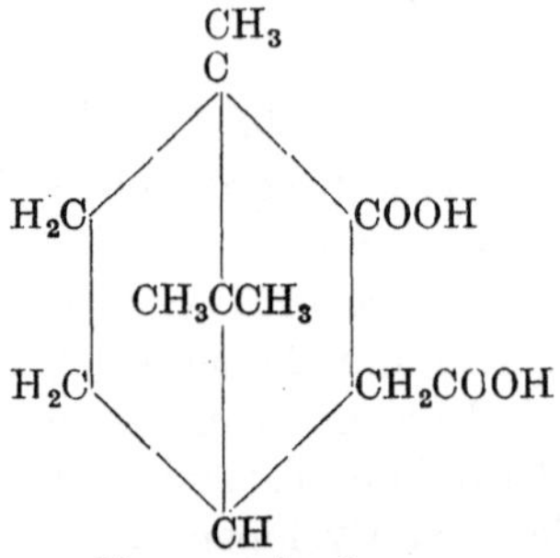

CH_3
C
H_2C COOH
CH_3CCH_3
H_2C CH_2COOH
CH
Homocamphersäure

Noch leichter gelingt die Darstellung des Cyancamphers aus Natriumoxymethylencampher, wenn dieser unter fortgesetztem Erhitzen allmählich mit Hydroxylaminchlorhydrat versetzt wird [3]).

Die Synthese der Apocamphersäure bewerkstelligt nun *Komppa* folgendermaßen: Nach *Vorländer* [4]) entsteht aus Mesityloxyd und Natriummalonsäureester, sowie durch darauffolgende Abspaltung der Carboxylgruppe Dimethyldihydroresorcin.

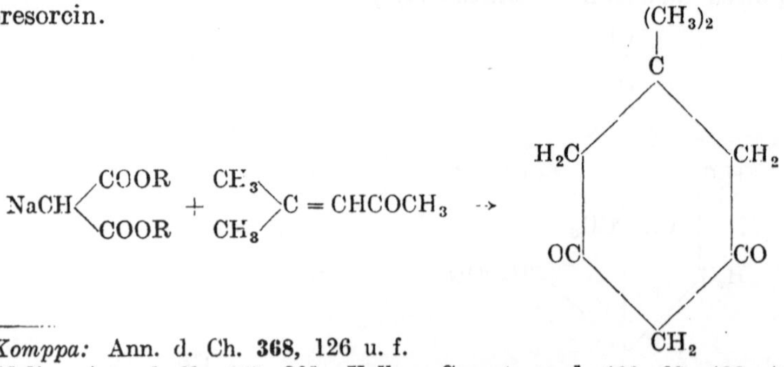

$$NaCH\begin{matrix}COOR\\COOR\end{matrix} + \begin{matrix}CH_3\\CH_3\end{matrix}\!\!>C = CHCOCH_3 \rightarrow$$

$(CH_3)_2$
C
H_2C CH_2
OC CO
CH_2

[1]) *Komppa:* Ann. d. Ch. **368**, 126 u. f.

[2]) *Malin:* Ann. d Ch. **145**, 201; *Haller:* Compt. rend. **109**, 68; **122**, 446.

[3]) *Bichop, Claiseu* u. *Sinclair:* Ann. d. Ch. **281**, 349.

[4]) Ann. d. Ch. **294**, 314; **304**, 18; **308**, 193.

Letzteres kann durch Natriumhypochlorid zu β-β-Dimethylglutarsäure unter Bildung von Chloroform oxydiert werden, welche sich ihrerseits wiederum mit Oxalsäureester zu Diketocamphersäureester kondensieren läßt.

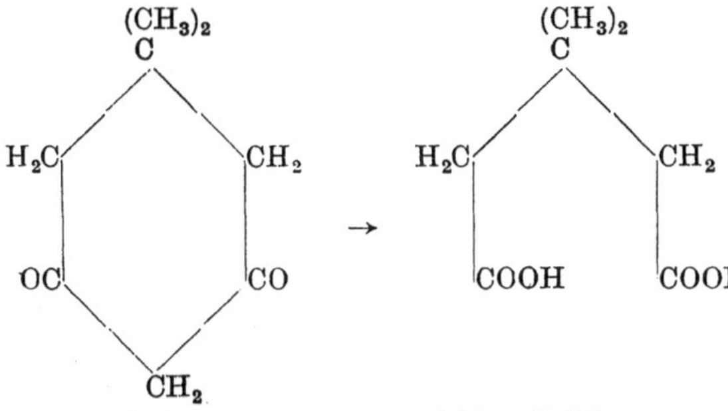

$(CH_3)_2$ C, H_2C, CH_2, OC, CO, CH_2 → $(CH_3)_2$ C, H_2C, CH_2, COOH, COOH

Dimethylhydroresorcin

β-β-Dimethylglutarsäure

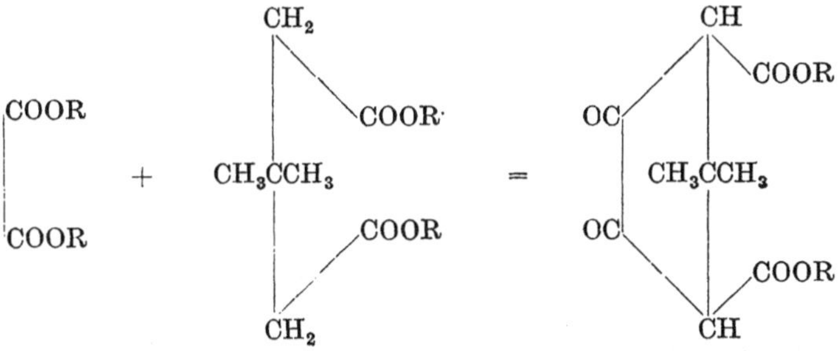

COOR, COOR + CH_2, COOR, CH_3CCH_3, COOR, CH_2 = CH, COOR, OC, CH_3CCH_3, OC, COOR, CH

Oxalsäure-dimethylester

Dimethylglutarsäure-dimethylester

Diketocamphersäure-dimethylester

Der Diketocamphersäureester wurde mittels Natriumamalgam zu 4, 5 Dioxyapocamphersäure reduziert, aus welcher durch Destillation im Vakuum oder durch Kochen mit wässerigen Mineralsäuren Wasser abgespalten wird, wobei sich 2, 2-Dimethyl-3, 5-cyclopentadien-1,3-dicarbonsäure bildet.

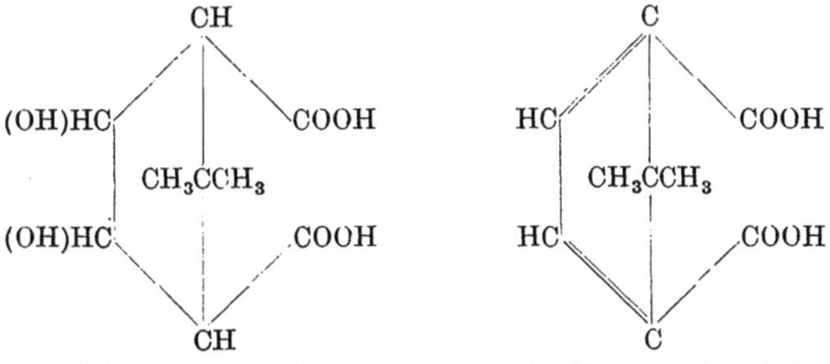

CH, (OH)HC, COOH, CH_3CCH_3, (OH)HC, COOH, CH

4,5-Dioxyapocamphersäure

C, HC, COOH, CH_3CCH_3, HC, COOH, C

2,2-Dimethyl-3,5-cyclopentadien-1,3-dicarbonsäure.

Letztgenannte Säure läßt sich leicht durch Reduktion mittels Natriumamalgam in Isodehydroapocamphersäure überführen, und diese entsteht auch aus der Dioxyapocamphersäure durch Kochen mit Jodwasserstoffsäure und wenig rotem Phosphor.

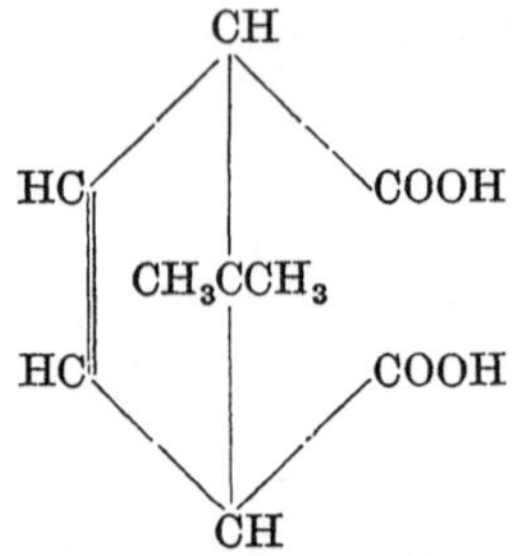

CH
HC COOH
CH_3CCH_3
HC COOH
CH

Isodehydroapocamphersäure = Dimethylcyclopentendicarbonsäure.

Nun wurde diese Säure mit Bromwasserstoffeisessig im geschlossenen Rohr erhitzt, wodurch unter Anlagerung von Bromwasserstoff sich die β-Bromapocamphersäure bildete, welche durch Reduktion mit Eisessig und

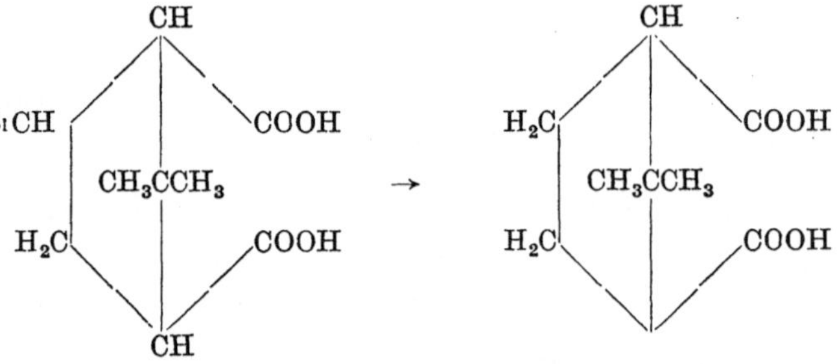

CH CH
BrCH COOH H_2C COOH
CH_3CCH_3 → CH_3CCH_3
H_2C COOH H_2C COOH
CH

Zink in die Apocamphersäure übergeht. Um sie in die cis- und trans-Säure zu spalten, wurde sie mit Acetylchlorid erhitzt, wodurch sich das Anhydrid der cis-Säure bildete, so daß die freie trans-Säure mit Sodalösung extrahiert werden konnte. Das Anhydrid der cis-Säure war identisch mit dem aus Campher durch Oxydation dargestellten cis-Apocamphersäureanhydrid; ebenso stimmte die freie trans-Säure mit der von *Marsh* und *Gardner* hergestellten Camphopyrsäure überein.

Komppa ging nunmehr daran, auch die Camphersäure synthetisch herzustellen [1]); er wählte den Diketoapocamphersäuremethylester als Ausgangs-

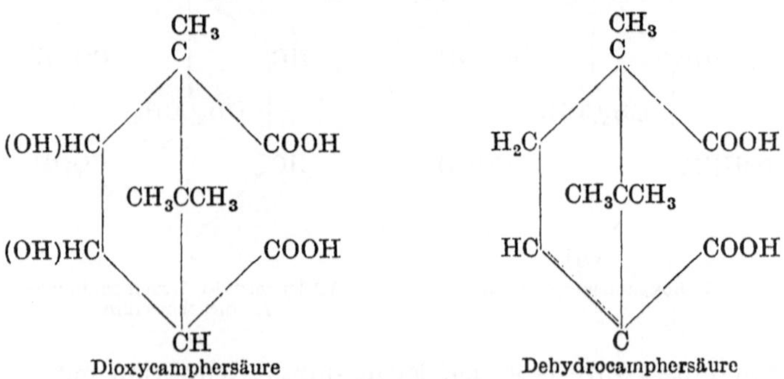

Dioxycamphersäure Dehydrocamphersäure

[1]) *Komppa:* Ann. d. Ch. **370**, 209 u. f. und Ber. d. chem. Ges. **44**, 858 (1911).

produkt und methylierte ihn. Aus dem hierbei entstehenden Gemenge verschiedener Substanzen konnte er den Diketocamphersäureester durch die Löslichkeit von dessen Kupfersalz in Äther trennen, worauf er ihm mit Natriumamalgam zur Dioxycamphersäure reduzierte und mit Jodwasserstoffsäure und Phosphor in die racemische Dehydrocamphersäure überführte; letztere lagerte mit Bromwasserstoffeisessig Bromwasserstoff an. Die so entstandene β-Bromcamphersäure ging durch Reduktion mit Zink und Eisessig in eine racemische Camphersäure über, aus welcher durch Behandlung mit Acetylchlorid und Sodalösung das Anhydrid der cis-Säure und die trans-Säure gewonnen werden konnte.

Das Anhydrid der cis-Camphersäure war identisch mit dem Anhydrid der d-Camphersäure; ebenso stimmten die freien Säuren miteinander überein.

Da die synthetische Camphersäure identisch ist mit der Camphersäure, welche *Bredt* und *Rosenberg* aus dem synthetischen Campher gewonnen hatten, so wurde hierdurch die Richtigkeit der Bredtschen Campherformel einwandfrei bestätigt.

Weiterhin wurde jedoch von *Komppa* [1]) die racemische Camphersäure in das Anhydrid übergeführt und dieses mit Natrium und Alkohol oder durch H und Ni zu Campholid reduziert. Dieses wurde sodann durch Erhitzen mit Cyan-

```
         CH3                                   CH3
          C                                     C
        / | \                                 / | \
   H2C    |    CO                        H2C    |    COOH
    |  C(CH3)2  > O          →            |  C(CH3)2             →
   H2C    |    CH2                       H2C    |    CH2CN
        \ | /                                 \ | /
          CH                                    CH
```

kalium in die Cyancampholsäure umgewandelt, welche durch Kochen mit Kalilauge in die Homocamphersäure übergeführt wurde.

```
                 CH3
                  C
                / | \
           H2C    |    COOH
    →       |  C(CH3)2
           H2C    |    CH2COOH
                \ | /
                  CH
```

Homocamphersäure.

Eine Champhersynthese rührt auch von *Wallach* her.

---

[1]) *Komppa:* Ber. d. chem. Ges. **41**, 4470.

Neben dem gewöhnlichen als α-Pinen bezeichneten Hauptbestandteile der Terpentinöle gibt es noch ein isomeres Pinen, das β-Pinen, welches nicht nur in verschiedenen Terpentinölen anzutreffen ist, sondern auch von *Wallach*[1])

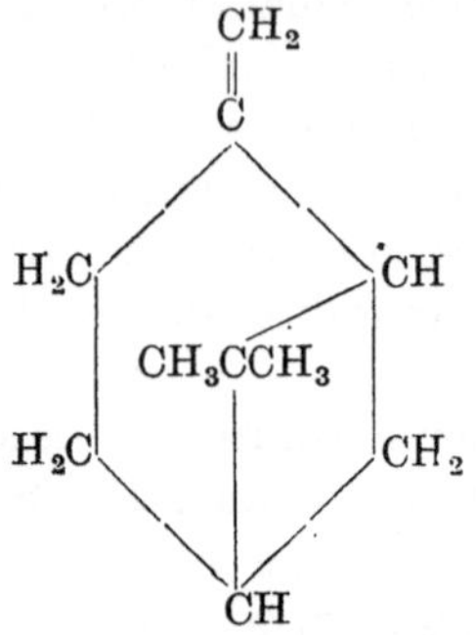

CH_2
‖
C
H_2C CH
CH_3CCH_3
H_2C CH_2
CH

auf synthetischem Wege erhalten wurde, indem er Nopinon mittels Bromessigester und Zink in einen Nopinolessigsäureester überführte, letzteren verseifte und die so gewonnene Nopinolessigsäure mit Essigsäureanhydrid

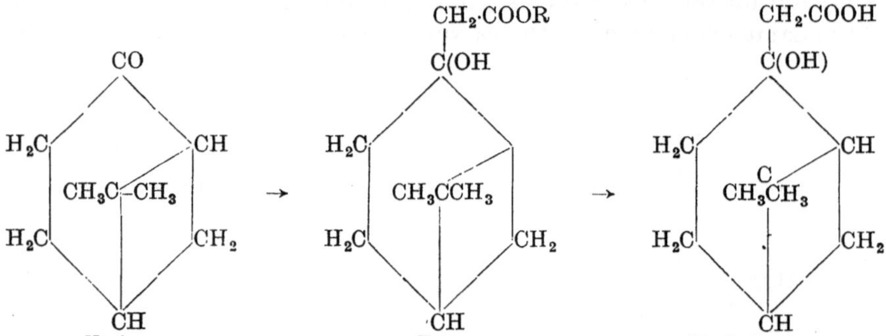

CO
H_2C CH
CH_3C—CH_3
H_2C CH_2
CH
Nopinon

→

$CH_2{\cdot}COOR$
C(OH
H_2C
CH_3CCH_3
H_2C CH_2
CH
Ester

→

$CH_2{\cdot}COOH$
C(OH)
H_2C CH
C
CH_3CH_3
H_2C CH_2
CH
Nopinolessigsäure

behandelte, wodurch schon während der Reaktion CO_2 und H_2O abgespalten würde, so daß sich β-Pinen vom Siedep. 163° C bildete. *Wallach* behandelte es nun in trockener ätherischer Lösung oder in Eisessig mit Salzsäure und

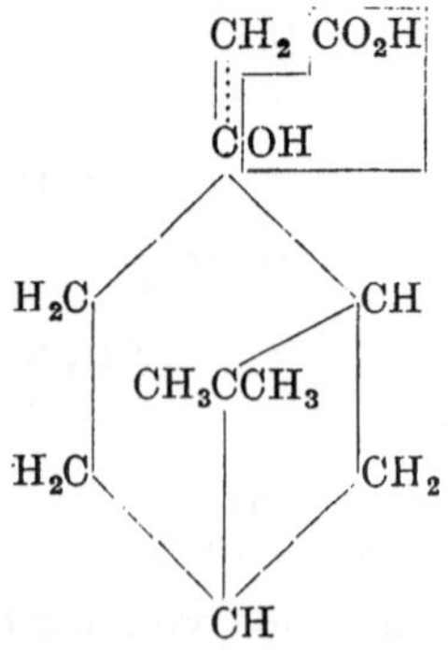

CH_2 CO_2H
C OH
H_2C CH
CH_3CCH_3
H_2C CH_2
CH

[1]) *Wallach:* Ann. d. Ch. **363**, 1.

erhielt neben Dipentenhydrochlorid l-Bornylchlorid, welches durch Destillation im Vakuum abgetrennt wurde. Letzteres wurde sodann mit der gleichen Gewichtsmenge wasserfreien Natriumacetats und dem doppelten Gewichte an Eisessig 4 Stunden im geschlossenen Rohre auf 190 bis 200° erhitzt; nach dem Öffnen wurde das Camphen mit Wasserdampf abgetrieben, mit Essigschwefelsäure in Isobornylacetat übergeführt und nunmehr verseift. Das freie Isoborneol, in Eisessig gelöst, wurde mit Chromsäure zu Campher oxydiert.

Das Ausgangsprodukt Terpentinöl.

Der dickflüssige Terpentinbalsam, welcher über 38 Proz. Terpentinöl enthält, sammelt sich in Hohlräumen oder besonderen Harzgängen unter der Rinde der Coniferen an, fließt durch Einschnitte in die Rinde aus und wird in besonderen, am Fuße des Baumes eingeschnittenen Becken oder darunter gestellten Schüsseln aufgefangen. Aus einer Lösung von Harz (Kolophonium) in Terpentinöl bestehend und meist durch unlösliche Beimengungen getrübt, wird er eingesammelt und in besonderen Anstalten durch Destillation mit Wasser oder Wasserdampf zu Terpentinöl und Kolophonium verarbeitet. Diese Art Gewinnung ist in den coniferenreichen Gebirgsländern Europas, nämlich in Frankreich, Österreich, Ungarn, Deutschland, Skandinavien, dem europäischen Rußland, hauptsächlich aber in Amerika heimisch. Bis vor dem europäischen Kriege waren die vorwiegendsten Produktionsländer für Terpentinöl Amerika und Frankreich, sodann Rußland, Österreich-Ungarn, Schweden, Norwegen und Griechenland, während in Deutschland davon nur wenig gewonnen wurde [1]).

Terpentinöl ist, frisch und sorgfältig destilliert, wasserhell und von angenehmem Geruch und besteht fast nur aus Pinen. Das im Handel vorkommende sogenannte russische oder galizische Terpentinöl, das durch trockene Destillation harzreicher Kiefernwurzeln gewonnen wird, stellt eigentlich Kienöl vor, besitzt einen scharfen von dem des echten Terpentinöles leicht unterscheidbaren Geruch und enthält jedenfalls nicht in gleicher Menge das für die Campherherstellung erforderliche Pinen, wenngleich dieses einen erheblichen Bestandteil des Öles ausmacht.

Der Geruch der echten Terpentinöle ist nicht durchaus gleichartig; er ist am mildesten und angenehmsten beim französischen und venezianischen Terpentinöl, schwächer und weniger rein beim amerikanischen und sog. Wiener-Neustädter Öl; vollständig davon abweichend ist der Geruch des russischen und des schwedischen Terpentinöls.

Bei längerem Aufbewahren erleidet das Terpentinöl durch Selbstoxydation eine schädliche Veränderung, wird leicht sauer und muß sodann nach

---

[1]) Über Geschichte und Einzelheiten vgl. *Gildemeister* u. *Hoffmann:* Die ätherischen Öle, Berlin 1910 bis 1916, Jul. Springer. — Über die Terpentinölgewinnung in Deutschland und Vorschläge zur Erzielung einer Ausbeute, die über die jetzt gewonnene von ca. 12% hinausgeht, vgl. *Wislicenus:* Zeitschr. f. angew. Chemie 1916, 53.

vorangegangener Reinigung durch Kalk frisch destilliert werden. Es siedet ungefähr zwischen 150 und 165° C, löst sich leicht und klar in den üblichen Fettlösungsmitteln, sowie in konzentrierter Essigsäure und im reinen Zustande in 5 bis 12 Tl. 90 proz. Alkohols. Bei längerem Stehen nimmt die Löslichkeit in Alkohol zu.

Sämtliche Terpentinöle sind optisch aktiv, und zwar ist das amerikanische Terpentinöl meist rechtsdrehend, kann aber auch schwache Linksdrehung aufweisen, da die Kiefern, aus denen es gewonnen wird, beide optisch verschiedene Arten von Ölen ergeben ($[\alpha]_D$ ist ungefähr ± 10 bis 14°; Dichte = 0,860 bis 0,875; Siedegrenzen des Hauptanteils 155 bis 165° C). Das französische Terpentinöl ist linksdrehend ($[\alpha]_D$ wurde zu —20 bis —43° gefunden; Dichte 0,860 bis 0,875; Siedegrenzen 155 bis 162° C). Das österreichische Terpentinöl ist schwach rechtsdrehend (Dichte = 0,850 bis 0,868; Siedegrenzen 155 bis 165° C). Die echten Terpentinöle anderer Abstammung kommen als Handelsprodukte kaum in Frage.

Der überwiegende Bestandteil der Terpentinöle, das Pinen, tritt je nach dem optischen Drehungsvermögen des Öles als l- oder d-Pinen auf [1]). Erheblich rein kann diese Verbindung gewonnen werden, wenn französisches Terpentinöl mit Sodalösung gewaschen und fraktioniert destilliert wird, wobei der bei 156° C siedende Anteil aufgefangen wird [2]). Um Pinen chemisch rein herzustellen, wird diese Verbindung am besten in die Nitrosochloridverbindung übergeführt und daraus regeneriert.

Der Siedepunkt des Pinens liegt bei 155 bis 156° C, dessen Dichte bei 0,8587 bis 0,8767; 0,858 (20° C); $[\alpha]_D = -43°$ (französisches Terpentinöl); $[\alpha]_D = 43°$ (sibirisches Cedernöl); n_D (21° C) = 1,46553 [3]).

Pinen absorbiert ebenso wie Terpentinöl selbst an der Luft Sauerstoff und verharzt langsam. Das Verhalten zu Mineralsäuren ist je nach deren Konzentration verschiedenartig. Verdünnte Säuren reagieren bei gewöhnlicher Temperatur und momentan kaum auf Pinen und erzeugen erst bei längerer Einwirkungsdauer Terpentinhydrat; konzentrierte Säuren hingegen rufen tiefgreifende Veränderungen hervor. So z. B. oxydiert die konzentrierte Salpetersäure lebhaft bis zur Selbstentzündung, konzentrierte Schwefel-

---

[1]) Daß im Terpentinöl Camphen von vornherein enthalten ist, wurde schon durch die Arbeiten von *Armstrong* u. *Tilden*, von *Bouchardat* u. *Lafont* wahrscheinlich gemacht. Im Laboratorium von *Schimmel & Co.* wurde jedoch der Beweis hierfür, und zwar derart erbracht, daß eine aus amerikanischem Terpentinöl erhaltene Fraktion von 160 bis 161° C nach dem *Bertram*schen Verfahren mit Eisessig und Schwefelsäure Isobornylacetat ergab, während ein aus Pinennitrosochlorid abgeschiedenes Pinen nicht in gleicher Weise reagierte. — *Golubeff* erhielt aus der bei 162° C siedenden Fraktion eines russischen Terpentinöls durch Ausfrieren ein optisch aktives Camphen von Schmp. 30° C und Sdp. 159° C. (Vgl. hierzu: Ber. d. chem. Ges. **12**, 1754; Compt. rend. 1891, 551; Jahresber. f. Chemie 1887, 72; Bericht von *Schimmel & Co.*, Okt. 1897; ferner *Golubeff:* Chem. Centralbl. **188**, 2, 1622).

[2]) *Riban:* Annales d. Ch. (5) **6**, 12.

[3]) *Riban:* l. c. *Brühl:* Ber. d. chem. Ges. **25**, 153; *Schuff:* Ann. d. Ch. **220**, 94.

säure bewirkt Polymerisation, daneben aber auch Selbstanlagerung[1]); mit unterchloriger Säure bildet Pinen ein Additionsprodukt, welches 2 Mol. der Säure enthält, und ebenso werden von Chlor und Brom 2 Mol. absorbiert; da aber hierbei das Pinen leicht in Dipenten umgewandelt wird, können auch bis zu 4 Mol. dieser Halogene addiert werden. Jod wirkt auf Pinen unter Bildung von Cymol.

Die wichtigste Reaktion in Bezug auf den synthetischen Campher, welche eine anorganische Säure mit Pinen eingeht, ist die Anlagerung von gasförmiger Salzsäure. Im trockenen Zustande und in der Kälte addiert Pinen 1 Mol. HCl. Im feuchten Zustande können bis zu 2 Mol. aufgenommen werden. Der letztgenannte Umstand betrifft jedoch nicht mehr das Pinen selbst, sondern das Dipenten, in welches ersteres unter gewissen Umständen umgewandelt wird.

Eigenartig wirken die organischen Säuren. Krystallisierte Ameisensäure erzeugt, wie *Lafont* bewies, nach mehrwöchentlichem Stehen in der Kälte mit französischem Terpentinöl Bornylformiat $HCO_2C_{10}H_{17}$ neben wenig anderen Verbindungen; beim Erwärmen mit Ameisensäure auf 100° C jedoch entsteht das Formiat nicht, sondern ein Kohlenwasserstoff. In ähnlicher Weise führt die Einwirkung von Essigsäure bei einer Dauer mehrerer Monate zu Bornylacetat; noch leichter reagiert. Trichloressigsäure mit der halben Menge vom angewandten Pinen, da es mit diesem vermischt, zu Bornyltrichloracetat führt; ist die angewandte Menge an Trichloressigsäure jedoch größer, so bilden sich Carvenderivate.

Wird Pinen mit Benzoesäure auf 150° C erhitzt, so entsteht neben anderen Produkten nach *Bouchardat* und *Lafont* Camphen. Beim Schütteln mit Eisessig und Chlorzink geht es nach *Ertschikowsky* in Campher, Pinenhydrochlorid, Terpenylacetat und Dipenten über[2]). Pinen, mit Pikrinsäure gekocht, liefert in nicht zu großer Ausbeute ein Pikrat vom Schmelzp. 133° C, welches in kaltem Alkohol schwer löslich ist und mit alkoholischem Ammoniak gekocht, in das Pikramid $C_6H_2(NO_2)_3NH_2$ und in Borneol zerlegt wird (letzteres entsteht auch durch Kochen mit Alkalien); für sich selbst erhitzt, liefert das Produkt Camphen[3]).

Mit Eisessig und wenig Schwefelsäure gemengt, geht Pinen in Terpineol über (*Bertram* und *Walbaum*), und durch Erhitzen auf Temperaturen über 250° C wird es in Dipenten umgewandelt.

Während sich von den echten Terpentinölen das französische am besten, das amerikanische und österreichische Öl immerhin noch gut für die

---

[1]) Die Einwirkung konzentrierter Schwefelsäure auf Pinen kann zu Camphen oder zu Bornylschwefelsäure $C_{20}H_{32}H_2SO_4$ führen. Letztere gibt beim Erhitzen mit alkoholischer Kalilauge Borneol; *Bouchardat* u. *Lafont* erhielten auch l-Fenchylalkohol. Doch ist es nicht sicher, ob nicht Camphen und Borneol, evtl. nur ersteres vorgebildet, im Terpentinöle enthalten sind. (Vgl. *Lafont:* Annales d. Ch. **6**, 15, ferner Compt. rend. 1897, 111.

[2]) *Ertschikowsky:* Journ. d. russ. chem. Ges. **28**, 132.

[3]) Weder Camphen noch Dipenten gibt ein Pikrat, weshalb die Reaktion charakteristisch ist. Vgl. hierzu *Bouchardat* u. *Lafont:* Compt. rend. 1897, 111 und Bull. de la Soc. Ch. **46**, 117; Journ. of the chem. Soc. **63**, 1388.

Campherherstellung eignen, sind hierfür die unter dem Namen Terpentinöle in den Handel gebrachten Kienöle, weil sie ganz andersartig zusammengesetzt sind als die aus Terpentin gewonnenen Öle, direkt unbrauchbar. Sie entstehen, wie bereits dargetan, durch trockene Destillation der nach dem Fällen der Kiefernstämme übrigbleibenden harzreichen Wurzeln [1]) und zeigen je nach der Abstammung einen verschiedenen, jedoch meist brenzlichen Geruch; da zwar die schwedischen und finnländischen Öle angenehmer als die sog. polnischen oder russischen Terpentinöle riechen, sich aber dennoch leicht durch das Geruchsmerkmal von den echten Terpentinölen unterscheiden, so ist hierdurch schon eine Unterscheidung möglich, wenngleich die in Rußland gewonnenen Öle durch eine nochmalige Rektifikation über Kalkmilch und frisch gebrannte Kohle den echten Terpentinölen geruchsähnlicher gemacht werden können.

Das hauptsächlichste Handelsprodukt, das russische Öl, besitzt eine Dichte von 0,870 bis 0,873, Siedegrenzen von 155 bis 185° C und dreht häufig die Polarisationsebene nach rechts. Aus den Kienölen ist bis jetzt Pinen, Sylvestren, Dipenten und Cymol einwandfrei isoliert worden[2]).

Da nur solche Öle, welche Pinen konzentriert enthalten, für Campherdarstellung in Betracht kommen, kann es sich darum handeln, festzustellen, ob ein Terpentinöl Kienöl beigemengt enthält, bzw. darum, ob es bei unbekannter oder zweifelhafter Abstammung (wenn es sich im Geruch nicht unbedingt von einem Terpentinöl erprobter Abstammung unterscheidet) im vorwiegenden Maße P nen oder Sylvestren enthält.

Durchaus verschieden vom Pinen ist das Sylvestren, dessen Auffindung im schwedischen Terpentinöl wir *Atterberg*[3]) verdanken. Es kommt darin als optisch rechtsdrehende Modifikation vor, siedet zwischen 173 bis 175° C und liefert ein bei 72° C schmelzend Dichlorid. Wie *Wallach* zeigte, gelingt die Bildung des Chlorids, welche bei anderen Terpenen sehr leicht eintritt, bei Sylvestren nur unter Einhaltung bestimmter Bedingungen[4]). Eine äthe-

---

1) Über die Terpentinöl- und Harzgewinnung in Polen vgl. den Artikel von *Hermann Schelenz* in Zeitschr. f. angew. Chemie **1**, 249 (1916).

2) Vgl. über die Zusammensetzung der Kienöle: *Wallach:* Ann. d. Ch. **230**, 240 u. f.; *Tilden:* Jahresber. f. Chemie, 1878, 389; *Atterberg:* Ber. d. chem. Ges. **10**, 1202; *Flawitzky:* Journ. d. russ. chem. Ges. **10**, 308, Ber. d. chem. Ges. **20**, 1956; *Aschan* u. *Hjelt:* Chem. Ztg. 1894, 1566, 1699, 1800. — Das russische Terpentinöl siedet nach *Tilden* zwischen 168 und 180° C und enthält neben wenig Essigsäure und empyreumatischen Stoffen d-Pinen, ferner ein zwischen 171 und 172° C siedendes Terpen, Cymol und kleine Quantitäten hochsiedender verharzender Kohlenwasserstoffe. — *Wallach* gibt über die Zusammensetzung des russischen Terpentinöls an, daß er aus einer mehrfach rektifizierten, zwischen 180 und 183° C siedenden, durch Alkali von den darin enthaltenen Phenolen befreiten Fraktion, welche den Hauptanteil des Öls enthielt, durch Bromieren Dipententetrabromid isolieren konnte, aber daneben noch einen anderen Kohlenwasserstoff und Pinen fand. Als wesentlichen Anteil der zwischen 170 und 180° C siedenden Fraktion des russischen Terpentinöls betrachtete *Wallach* das Sylvestren, dessen Isolierung ihm durch das bei 72° C schmelzende Dichlorid gelang. (Ann. d. Ch. **230**, 245.)

3) Ber. d. chem. Ges. **10**, 1202 (1877).

4) *Wallach:* Ann. d. Ch. **230**, 241 (1885).

rische Lösung der entsprechenden Sylvestrenfraktionen, mit Salzsäure behandelt, ergab selbst nach mehrtägigem Stehen und Entfernung des Äthers nur Öle, welche nicht erstarren wollten, weil die betreffenden Versuche bei Sommertemperatur vorgenommen wurden. Das Sylvestrenchlorid ist nämlich schon bei gewöhnlicher Temperatur nicht nur leicht löslich in Kohlenwasserstoffen, sondern auch in solchen Chloriden, welche, aus isomeren Terpenen stammend, sich gleichzeitig mit dem bei 72° schmelzenden Chlorid bilden. Um nun die flüssigen Chloride zur Erstarrung zu bringen, wurden sie in einer Schale mit fester Kohlensäure versetzt, worauf durch die bei der Verdunstung erzeugte Kälte das Öl zu einer steinharten Masse erstarrte, welche sich jedoch bei gewöhnlicher Temperatur wieder teilweise verflüssigte, daher ohne Verluste nicht aufarbeiten ließ. *Wallach* fand es daher zweckmäßig, erst durch das rohe flüssige Chloridprodukt so lange Dampf zu leiten, bis das nicht übergehende Öl schwerer als Wasser geworden, annehmen läßt, daß die meisten Nichtchloride entfernt sind. Hat man diese Destillation vorgenommen, so läßt sich aus dem flüssigen Rohprodukte das feste Sylvestrenchlorid selbst bei Sommertemperatur folgendermaßen leicht isolieren: Auf eine Reihe von Tontellern, welche durch Aufschütten fester Kohlensäure auf eine sehr niedere Temperatur abgekühlt worden sind, gießt man das bis zur beginnenden Krystallisation abgekühlte Rohöl in dünner Schichte, worauf sich das dunkelbraun gefärbte, rohe Sylvestrenchlorid als schneeweiße Masse abscheidet, die bei gewöhnlicher Temperatur nicht mehr schmilzt und umkrystallisiert werden kann.

Wenn die zwischen 174 und 178° C siedenden Anteile des schwedischen Terpentinöls in Äther gelöst in der Winterkälte mit Salzsäure gesättigt werden, so resultiert leicht ein festes Chlorid. Allein, wie *Wallach* angibt, ist es nicht einheitlich, sondern mit Dipentenchlorid vermengt, so daß es einer umständlichen fraktionierten Krystallisation aus Äther bedarf, um ein Sylvestrenchlorid vom Schmelzp. 72° C zu erlangen. Die Destillation mit Wasserdampf leistet daher unter allen Umständen gute Dienste.

Das Sylvestrenchlorid vom Schmelzp. 72° C besitzt charakteristische Merkmale; es krystallisiert aus absolutem Alkohol in tafelförmig ausgebildeten, aus verdünntem und aus Äther meist in nadelförmigen Krystallen.

Im reinen Zustande vermag das Sylvestrenhydrochlorid $C_{10}H_{16} \cdot 2\,HCl$ aus Äther und Petroleumäther in mehreren Zoll langen, sehr dünnen, harten Tafeln vom Schmelzp. 72° C zu krystallisieren. Dieselben zeigen in ätherischer Lösung starke Rechtsdrehung. Hingegen drücken auch geringfügige Verunreinigungen den Schmelzpunkt stark herab. Das isomere Limonenchlorid vom Schmelzp. 50° C z. B. krystallisiert dagegen in fettig anzufühlenden, in Alkohol leichter löslichen Krystallschuppen. Verunreinigungen jedoch können den Schmelzpunkt des Sylvestrenchlorids leicht derart herabdrücken, daß er mit demjenigen des anderen Limonenchlorids zusammenfällt[1]). Das

[1]) *Wallach:* Ann. d. Ch. **230**, 243.

Sylvestrendichlorhydrat ist optisch aktiv, das Dichlorhydrat des Dipentens optisch inaktiv.

Aus diesem Chlorid kann Sylvestren durch Erhitzen sowohl mit Anilin wie auch mit der gleichen Gewichtsmenge geschmolzenen Natriumacetats und der doppelten Gewichtsmenge Eisessig leicht regeneriert werden. Im reinen Zustande zeigt es nach *Wallach* einen Siedepunkt von 176 bis 177° C, eine Dichte (16° C) von 0,8510, (20° C) von 0,8470. Hervorgehoben sei, daß die Dichte dieses Terpens mit derjenigen des Dipentens fast übereinstimmt. $[\alpha]_D$ ($CHCl_3$-Lös.) = +66,32°. Reines Sylvestren besitzt ferner folgende charakteristische Farbenreaktion[1]: Eine kleine Menge, in Eisessig oder Essigsäureanhydrid gelöst, und mit einem Tropfen konzentrierter H_2SO_4 oder rauchender HNO_3 versetzt, färbt sich prachtvoll und intensiv blau, während die isomeren Verbindungen unter der gleichen Bedingung sich rot bis gelbrot färben. Infolge dieses Umstandes beeinträchtigen die das Sylvestren in natürlichen Ölen begleitenden Terpene diese Reaktion so sehr, daß z. B. schwedisches Terpentinöl sie erst dann zeigt, wenn die sylvestrenreichen Anteile sorgfältig herausfraktioniert worden sind.

Ein weiteres Unterscheidungsmerkmal zwischen Pinen und Sylvestren kann in den Eigenschaften ihrer Nitrosochloride gefunden werden. Von *Tilden* wurde das Pinennitrosochlorid $C_{10}H_{16}NOCl$[2]) durch Einleiten von Nitrosylchloriddämpfen in stark abgekühltes, mit Chloroform verdünntes Terpentinöl hergestellt[3]). *Wallach* isoliert diese Verbindung folgendermaßen: 14 ccm Pinen werden mit 20 ccm Amylnitrat und 34 ccm Eisessig vermischt und in einer Kältemischung gekühlt. Zu je 6 ccm der Mischung werden in möglichst kleinen Portionen und unter Umschütteln allmählich 3 ccm eines Salzsäuregemisches, welches aus gleichen Volumen 33 proz. HCl und Eisessig besteht, zugesetzt, indem man mit dem Zusatz neuer Salzsäuremenge wartet, bis die anfangs in der Flüssigkeit entstandene blaue Färbung vollständig verschwunden ist. Das Pinennitrosochlorid scheidet sich als weißes Krystallpulver aus, das durch Lösen in Chloroform und Wiederausfällen mit Methylalkohol vorerst gereinigt, sich aus heißem Benzol umkrystallisieren läßt. Es schmilzt bei 103° C. Seine Lösungen sind optisch inaktiv[4]).

Um vom Sylvestren zum Nitrosochlorid $C_{10}H_{16}NOCl$ zu gelangen, trug *Wallach* in ein Gemenge von 4 ccm eines reinen Sylvestrens und 6 ccm Amylnitrit unter guter Kühlung und ständigem Umschütteln allmählich 4 bis 5 ccm rauchender Salzsäure ein. Zu dem sich abscheidenden schweren Öl wurde gleichfalls unter beständigem Umschütteln Methylalkohol zugesetzt, worauf es krystallinisch erstarrte.

---

[1]) Die meisten Terpene geben, in Eisessig oder in Essigsäureanhydrid gelöst, mit wenig konzentrierter Schwefelsäure Farbstoffreaktionen. Für manche dieser Kohlenwasserstoffe sind sie sehr scharf. (*Wallach:* Ann. d. Ch. **239**, 3; **238**, 87; **252**, 149.)

[2]) Vgl. Ber. d. chem. Ges. **28**, 648.

[3]) Ber. d. chem. Ges. **12**, 1133; Jahresber. f. Ch. **1878**, 79.

[4]) *Wallach:* Ann. d. Ch. **245**, 251 u. f. (1888). Camphen gibt mit Amylnitrit, Eisessig und Salzsäure kein Nitrosochlorid. Vgl. auch Ann. d. Ch. **268**, 198 (1891).

Das Sylvestrennitrosochlorid ist in Chloroform viel leichter löslich als das Pinennitrosochlorid. Daher darf bei dessen Reinigung durch Lösen in Chloroform und Wiederausfällen mit Methylalkohol die Quantität des Chloroforms nur sehr gering sein. Ist das Produkt gereinigt, so läßt es sich leicht aus heißem Methylalkohol umkrystallisieren und schmilzt dann bei 106 bis 107° C. Seine Lösungen sind stark rechtsdrehend.

Während aus Pinennitrosochlorid mit alkoholischem Kali das aus Alkohol schön krystallisierende Nitrosopinen vom Schmelzp. 132° C entsteht, liefert das gleiche Reagens mit Sylvestrennitrosochlorid nur ein ölförmiges Produkt.

Besonders charakteristisch für das Pinen ist das aus dem Nitrosochlorid darstellbare Pinennitrolpiperidin. Es bildet sich, wenn Pinennitrosochlorid mit einem Überschusse von Benzylamin oder Piperidin in Alkohol gelöst, auf dem Wasserbade erwärmt wird. Wasser scheidet aus der Lösung das Pinennitrolpiperidin vom Schmelzp. 118 bis 119° C aus. Auf gleiche Weise kann das Pinennitrolbenzylamin gewonnen werden. Es besitzt einen Schmelzpunkt von 122 bis 123° C[1]). Das Sylvestrennitrosochlorid gibt ein Nitrolbenzylamin vom Schmelzp. 71 bis 72° C.

Die Prüfung eines Terpentinöls auf Reinheit erfolgt am besten durch fraktionierte Destillation. Je einheitlicher der Siedepunkt zwischen 158 bis 160° C liegt, um so reiner ist das Terpentinöl. Fremde Beimengungen lassen sich leicht durch die in den Spezialhandbüchern angeführten Bestimmungsmethoden ermitteln. Hier sei nur auf die Prüfung zur Anwesenheit von Kienöl und Harzessenz hingewiesen.

Eine Beimengung von Kienöl in Terpentinöl kann nach *Herzfeld* daran erkannt werden, daß ein Stückchen Kalihydrat mit dem fraglichen Terpentinöl in Berührung sich schnell mit einer gelbbraunen Schichte überzieht; reines Terpentinöl zeigt diese Färbung erst nach langer Zeit. Ältere, verharzte Terpentinöle sind vor dieser Probe zu destillieren. Weiterhin können noch 10 Proz. Kienöl nach *Herzfeld* durch Auftreten einer gelbgrünen Färbung beim Schütteln des Terpentinöles mit wässeriger schwefliger Säure nachgewiesen werden; nach *Marcusson* ist diese Probe bei scharf gereinigten Kienölen nicht verläßlich.

Harzessenz kann durch den Siedebeginn unter 150° C und das Eintreten der *Grimaldi*schen Farbenreaktion, der Grünfärbung, welche beim Erwärmen der erst übergehenden, von 3 zu 3 ccm aufgefangenen Destillate mit einem Körnchen Zinn und konzentrierter Chlorwasserstoff eintritt, erkannt werden. *Marcusson* hält diese Reaktion für zuverlässig[2]).

Das Pinenhydrochlorid[3]).

Das Pinenhydrochlorid oder den „künstlichen Campher" kennen wir über ein Jahrhundert. Die Fähigkeit des Terpentinöls, eingeleitetes trockenes

---

[1]) *Wallach:* Ann. d. Ch. **245**, 253 und **252**, 130.

[2]) Vgl. *Marcusson:* Chem. Ztg. **1909**, 966 und *Grimaldi:* ibid. **1907**, 1145.

[3]) Vgl. die entsprechende Note S. 4.

Salzsäuregas derart zu absorbieren, daß sich ein fester krystallinischer Körper bilde, wurde nämlich bereits 1803 von *Kind* beobachtet[1]) und infolge der äußeren Merkmale und der Geruchsähnlichkeit dieses krystallinischen Produktes mit Campher „künstlicher Campher" genannt[2]). Es entsteht rein nur unter bestimmten Bedingungen. Schon *Flawitzky* erkannte, daß das Anlagerungsprodukt von Salzsäure an Terpentinöl nicht unter allen Umständen einheitlich zusammengesetzt ist, als er die von *Berthelot* vorgeschlagene Verdünnung des Terpentinöls statt mit Benzol oder Schwefelkohlenstoff mit absolutem Äther vornahm; er konnte unter solchen Umständen beobachten, daß sich neben dem Monohydrochlorid noch ein Dihydrochlorid zu bilden vermag.

Zur Herstellung des Pinenmonohydrochlorids von der Formel $C_{10}H_{16}HCl$ ist Einleiten trockener Salzsäure in gut abgekühltes, trockenes Pinen erforderlich. Nach vollständiger Sättigung mit Salzsäure erstarrt das Produkt fast vollständig zu einer krümeligen, nach Campher riechenden Masse; bei Anwesenheit von Wasser infolge nicht ganz wasserfreier Lösungsmittel oder im Falle schlechter Kühlung, läßt sich das Produkt jedoch schwer zum Erstarren bringen, weil außer dem Pinenhydrochlorid das Dipentendihydrochlorid $C_{10}H_{16}2HCl$ entsteht; obwohl von diesen beiden Chloriden das Pinenhydrochlorid bei 125°, das Dipentenhydrochlorid bei 50° schmilzt, bleibt ein Gemenge gleicher Gewichtsteile beider Produkte bei gewöhnlicher Temperatur flüssig und erstarrt nur vorübergehend, wenn man es mit Eiswasser abkühlt[3]).

J. W. Brühl[4]) stellte das zur Gewinnung von Camphen dienende Monohydrochlorid $C_{11}H_{16}HCl$ aus gereinigtem Pinen folgendermaßen her: Das Pinen wurde in einem Ausfrierapparate bei —20° mit trockener Salzsäure gesättigt, worauf die größtenteils erstarrte Masse bei —20° durch Luftdruck von der Mutterlauge abgepreßt, dreimal mit 50proz. Sprit gedeckt, abermals abgesaugt und aus Ligroin umkrystallisiert wurde. Aus der Mutterlauge

---

[1]) Der Apotheker *Kind* in Eutin leitete 1803 gelegentlich der Herstellung von Liquor anthartriticus Pottii Salzsäure in Terpentinöl ein und erhielt eine feste, kristallinische Masse. Er dachte, Campher in Händen zu haben. Das Produkt wurde in *Trommsdorffs* Journ. f. Pharmacie 1803 beschrieben. *Gehlen:* Journ. f. Ch. **1819**, 462. *Saussure, Thénard* u. *Gaylussac, Labillardière, Oppermann* u. *Dumas* beschäftigten sich erst mit dessen näherer Untersuchung.

[2]) Vgl. hierzu *Oppermann:* Ann. d. Ch. **22**, 199; *Blanchet* u. *Sell:* Lieb. Ann. **6**, 271; *Dumas:* Ann. d. Ch. **9**, 56; *Berthelot:* Ann. de ch. (3) **40**, 5, 31; *Deville:* Ann. de ch. **37**, 176; *Tilden:* Ber. d. chem. Ges. **12**, 1131; *Flawitzky:* Journ. russ. chem. Ges. **12**, 57.

[3]) Erklärungen hierzu geben *Tilden:* Ber. d. chem. Ges. **12**, 1131; *Wallach:* Ann. d. Ch. **239**, 4. Um die Halogenwasserstoffadditionsprodukte, welche 2 Mol. Halogenwasserstoffsäure auf 1 Mol. Terpen enthalten, rein zu erhalten, kann man nach *Wallach* eine gesättigte Auflösung von Halogenwasserstoffsäure in Eisessig im Überschusse auf das in Eisessig gelöste Terpen einwirken lassen. Bei Anwendung von Brom- und Jodwasserstoffsäure gießt man die Flüssigkeit sogleich in Eiswasser, worauf die Additionsprodukte sofort in festem und meist sehr reinem Zustande ausfallen. Auch für die Herstellung der Bromadditionsprodukte der Terpene ist es vorteilhaft, das Terpen mit dem zehnfachen Gewichte Eisessig zu verdünnen.

[4]) *J. W. Brühl:* Ber. d. chem. Ges. **25**, 145 (1892).

kann durch gleichartige Behandlung noch eine weitere Menge Hydrochlorid gewonnen werden, und da die sodann abfallende Lauge noch Pinenhydrochlorid enthält, kann sie nach der Abtreibung des Ligroins mit Dampf nochmals auf —20° abgekühlt und bei dieser Temperatur abgepreßt werden, so daß am Schlusse ein zwischen 170 bis 200° C siedendes Öl nur in geringer Menge hinterbleibt.

Das Pinenhydrochlorid bildet campherähnliche Krystalle von großer Flüchtigkeit, deren Schmelzpunkt bei 125° C, deren Siedepunkt im reinen Zustande zwischen 207 bis 208° C gelegen ist. Es läßt sich unzersetzt destillieren. Je nach dem Ausgangsprodukte besitzt es verschiedenes optisches Verhalten. Bei aus linksdrehendem Terpentinöl gewonnenem Produkt wurde z. B. $[\alpha]_D$ zu —30, 69 und —26,3° beobachtet[1]), während ein aus rechtsdrehendem Terpentinöl gewonnenes Hydrochlorid inaktiv war. Das Pinenhydrochlorid ist unlöslich in Wasser, leicht löslich in Äther, Chloroform und Aceton, schwerer in Alkohol. Die aus Alkohol in gefiederten Krystallen sich ausscheidende Substanz backt beim Trocknen leicht zu einer klebrigen Masse zusammen und sintert leicht.

Pinenhydrochlorid entsteht auch noch auf andere Weise als durch Sättigung mit Chlorwasserstoff. So hat *G. Ertschikowsky* bewiesen, daß es zugleich mit den Estern des Terpentinöls und Borneols entsteht, wenn man zu französischem Terpentinöl und Eisessig Zinkchlorid hinzusetzt und das Gemisch bei Zimmertemperatur einige Tage stehen läßt. Die Reaktion vollzieht sich nach einer der beiden Gleichungen[2]):

$$C_{10}H_{16} + C_2H_4O_2 + ZnCl_2 = C_{10}H_{17}Cl + ZnCl\,(C_2H_3O)\,,$$

$$2\,C_{10}H_{16} + 2\,C_2H_4O_2 + Zn\,Cl_2 = 2\,C_{10}H_{17}Cl + Zn(C_2H_3O_2)\,.$$

Anderseits kann bei der Einwirkung von Salzsäure auf Pinen nicht nur das Dipentendihydrochlorid, sondern auch ein Produkt von der Zusammensetzung $3\,C_{10}H_{16}HCl$ entstehen, das z. B. *Barbier* durch Behandlung einer alkoholischen Lösung von linksdrehendem Terpentinöl mit Salzsäuregas als flüssiges Additionsprodukt mit der Dichte = 1,016 und dem Siedepunkte (45 mm) 120° C erhielt[3]). Desgleichen hält *Barbier* dafür, daß bei der Einwirkung des Salzsäuregases auf linksdrehendes Terpentinöl neben dem festen Pinenhydrochlorid noch ein flüssiges Produkt der gleichen Zusammensetzung $C_{10}H_{16}HCl$, mit einer Dichte von 1,017 (0° C), einem Siedepunkte von 120° C (40 mm) und einem Drehungswinkel $[\alpha]_D$ = —29° C entstehe.

Die Salzsäure im Pinenhydrochlorid ist sehr fest gebunden. *Butlerow* hat Pinenchlorhydrat mit Wasser und Alkohol bei 150 bis 160° C erhitzt,

---

1) Vgl. *Pesci:* Gazetta chim. **18**, 233 u. *Wallach:* Ann. d. Ch. **252**, 156.

2) Nach *Wagner* u. *Brickner* bewirkt die Zugabe des $ZnCl_2$ bei der Veresterung des Pinens mit Eisessig nicht nur die Bildung des Pinenchlorhydrats, sondern beschleunigt auch die Reaktion zwischen Pinen und Eisessig derart, daß in 24 Stunden erhebliche Mengen des Reaktionsproduktes entstehen, während *Bouchardat* und *Lafont* 6 Monate für diese Einwirkung in Anspruch nahmen. (Ber. d. chem. Ges. **32**, 2304 u. f.).

3) *Barbier:* Bul. d. l. soc. chim. (31), 951.

ohne eine vollkommene Spaltung zu erzielen [1]). Erst beim Erhitzen mit Wasser auf 200° C wird das Pinenhydrochlorid zerlegt, jedoch nicht derart, daß Camphen entsteht. Selbst kochendes Alkali spaltet aus dem Pinenhydrochlorid nicht Salzsäure ab und *Berthelot* gibt an, daß Pinenchlorhydrat auch beim Erhitzen mit alkoholischer Natronlösung auf 180° C nicht bemerkbar zersetzt wird [2]). Die Abspaltung der Salzsäure (unter Bildung von Camphen in geringer Ausbeute neben vielen Polymerisationsprodukten) erfolgt jedoch dann, wenn die Dämpfe des Pinenhydrochlorids über glühenden Kalk geleitet werden [3]).

Wird Pinenhydrochlorid mit Natrium erhitzt, so bildet sich Hydrocamphen $C_{10}H_{18}$ und Hydrodicamphen $C_{20}H_{34}$ (*Montgolfier*).

Eine der wichtigsten Umsetzungen des Pinenchlorhydrats, nämlich diejenige zu Camphen, wurde eingehend und mehrfach experimentell studiert.

Berthelot [4]) bewirkte sie, indem er das Chlorhydrat mit dem 8- bis 10-fachen Gewicht trockener Seife oder dem 2fachen Gewicht benzoesaurem Natron 30 bis 40 Stunden lang in zugeschmolzenen Röhren auf 240 bis 250° C erhitzte und das Produkt destillierte, bis sich weiße Dämpfe zeigten; vom Destillat wurden bei der Rektifikation die zwischen 160 und 180° C übergehenden Anteile aufgefangen und stellten ein Camphen vor, welches bei 46° C schmolz, bei ca. 160° C siedete und sich mit Chlorwasserstoff wieder zu einer krystallinischen Verbindung vereinigte, die bei der Oxydation mit Platinschwarz eine dem gewöhnlichen Campher ähnliche, vermutlich mit demselben identische Substanzen ergab.

Anderseits konnte *Riban* Camphen aus Pinenchlorhydrat durch dessen Erhitzen während 75 Stunden mit alkoholischem Kali auf 180° C oder durch 80stündiges Erhitzen mit wasserfreiem Natrium- oder Kaliumacetat auf 170° C herstellen [5]). *Wallach* zeigte, daß unter bestimmten Bedingungen in saurer Lösung die Camphenabspaltung noch besser vor sich gehe, als im

---

[1]) Jahresber. f. Ch. 1856, 609.

[2]) Ann. d. Ch. **112**, 367 (1859).

[3]) Im Pinenchlorhydrat ist der Halogenwasserstoff fester gebunden, als in den Terpenhalogenwasserstoffadditionsprodukten, welche 2 Mol. HCl anlagern. Auch Camphenhydrochlorid spaltet HCl leichter ab. (Vgl. *Wallach:* Lieb. Ann. **239**, 7 (1887).

[4]) Jahresber. f. Ch. 1858, 441. Compt. rend. **27**, 266, im Ausz. Ann. Pharm. **110**, 367, ferner Instit. 1858, 52; *Cimento:* **7**, 161. Vgl. auch *Montgolfier:* Ann. de la chim. **5**, 19, 152.

[5]) Nach *Lauth* u. *Oppenheim:* Bull. soc. chim. **1867**, 2 spaltet Anilin aus dem Pinenhydrochlorid Salzsäure ab. *Brühl* hat Anilin mit molekularen Mengen von Pinenhydrochlorid während mehrerer Stunden auf ca. 200° erhitzt und erhielt eine violette Masse, aus der durch Dampfdestillation jedoch nur das Hydrochlorid größtenteils zurückgewonnen wurde, während Bildung von Camphen nicht beobachtet werden konnte. Auf Grund dieser Erfahrung widerlegt *Brühl* die zitierte Angabe von *Lauth* u. *Oppenheim.* Da aus dem Bihydrochlorid des Dipentens $C_{10}H_{16}2HCl$ sich dagegen Dipenten abspalten läßt, betrachtet auch *Brühl* im Pinenhydrochlorid die Salzsäure viel stärker gebunden als in den anderen analogen Terpenadditionsprodukten. *Brühl* zeigte ferner, daß alkoholisches Ammoniak selbst bei 200° C ebenso unwirksam auf Pinenhydrochlorid ist wie Phenylhydrazin und α-Naphthylamin, die damit in offenem Gefäß gekocht, kein Camphen bilden. (*Brühl:* Ber. d. chem. Ges. 1892, 147 u. f.). Vgl. jedoch die Ergebnisse von *Ullmann* u. *Schmid*, S. 42.

alkalischen oder neutralen Medium: 1 Tl. Pinenhydrochlorid, 1 Tl. wasserfreies Natriumacetat und 2 Tl. Eisessig 3 bis 4 Stunden auf 200° erhitzt, lieferten, wenn höhere Temperaturen sorgfältig vermieden wurden, so daß sich das entstandene Produkt nicht mehr zersetzen konnte, in erheblicher Menge Camphen, welches, da es mit Wasserdämpfen sehr flüchtig ist, sich vom unzersetzt gebliebenen Chlorid leicht trennen läßt[1]).

Daß jedoch Camphen nicht das einzige Umsetzungsprodukt unter diesen Umständen ist, erkannten *Marsh* und *Stockdale,* als sie Pinenhydrochlorid Kalium- oder Natriumacetat und Eisessig im geschlossenen Rohre 3 bis 4 Stunden auf 250° erhitzten. Sie erhielten zwar festes Camphen (Siedepunkt 154 bis 156° C), aber auch eine flüssige, bei 190° C destillierende Verbindung, welche verseift, bei der Oxydation mit Salpetersäure Campher lieferte, weshalb *Marsh* und *Stockdale* sie als Bornylacetat betrachten[2]). Um zu entscheiden, ob Bornyl- oder Isobornylacetat vorliege, wiederholte *Milobendzki* den Versuch, und erhielt ein Öl, welches unter 100° zu sieden begann und bis über 230° hinaus noch destillierte. Aus diesem Gemisch wurde Camphen vom Schmelzp. 46,5 bis 48,5° C und ein Ester abgeschieden, welcher im wesentlichen beim Verseifen Isoborneol ergab[3]). Während Silbernitrat auf Pinenhydrochlorid nicht einwirkt, läßt sich, wie *Wagner* und *Brickner* zeigten, der Umsatz des Pinenchlorhydrats mit Silberacetat bewirken; je 50 g des Chlorids wurden mit dem gleichen Gewicht Silberacetat, 35 g Eisessig und ca. 2 g Wasser am Rückflußkühler im Wasserbade erhitzt, wobei zur Erzielung einer vollständigen Reaktion bei Verarbeitung von 400 g Chlorid mehrwöchentliches Erhitzen notwendig war. Als hierauf das Reaktionsprodukt mit Wasserdampf übergetrieben und nach dem Entwässern einer fraktionierten Destillation (abwechselnd unter gewöhnlichem und vermindertem Druck) unterworfen wurde, zeigte es sich, daß hauptsächlich große Mengen Camphen (Siedep. 158 bis 160°, Schmelzp. 44,5 bis 46°) und in geringerer Menge Isobornylacetat entstanden waren. Ob Borneol überhaupt beigemengt war, konnte mit Sicherheit nicht entschieden werden[4]).

Die Einwirkung von Trichloressigsäure auf Pinen geht, wie *Reychler* darlegte[5]), derart heftig vor sich, daß es geboten erscheint, die Reaktionsmasse zu kühlen; die Anlagerung erfolgt quantitativ, sodaß daß überschüssiges Pinen (100 g auf 50 g Säure) nach kurzer Zeit die gesamte Säure ab-

---

1) Ann. d. Ch. **239**, 5.

2) *Marsh* u. *Stockdale:* Chem. soc. **57**, 963 (1890).

3) *Siege, Wagner* u. *Brickner:* Ber. d. chem. Ges. **32**, 2308.

4) Da bei dieser Umsetzung Nebenprodukte nicht in nennenswerter Menge, sondern vornehmlich nur Camphen und Isobornylacetat auftreten, da ferner Isobornylacetat nicht als Produkt einer direkten Substitution des Chloratoms durch den Acetylrest, sondern als Produkt einer sekundären Anlagerung von Essigsäure an Camphen betrachtet werden muß, folgern *Wagner* u. *Brickner* daraus, daß Pinenchlorhydrat analog dem Isobornylchlorid, wenn auch viel langsamer, ausschließlich in Camphen und Salzsäure zerfällt, und ihm mithin die Befähigung, in den entsprechenden Ester umgewandelt zu werden, gänzlich oder fast gänzlich abgehe. (L. c.)

5) *Reychler:* Ber. d. chem. Ges. **29**, 695 u. f.

sorbiert, und nur wenig freie Säure durch Titration nachweisbar ist. Den Versuchen *Reychlers* zufolge gab das nach dem Abdestillieren des unangegriffenen Pinens im Dampfstrom rückständige Öl nach dem Verseifen mit alkoholischem Kali ein Produkt, das, destilliert, neben Trichloressigsäure Borneol vom Schmelzp. 202° C enthielt, welches in alkoholischer Lösung immer mehr linksdrehend als das angewandte Pinen war. — Da bei Anwendung überschüssiger Trichloressigsäure (66 g Säure auf 27 g Pinen) eine Verbindung $C_{10}H_{16} \cdot 2\,(CCl_3CO_2H)$ neben einer geringen Menge Borneol resultierte, darf angenommen werden, daß die Verbindung durch Umlagerung des Pinens zu Dipenten entstanden ist. Um zu besserer Ausbeute zu gelangen, ist es nach *Wagner* und *Ertschikowsky* vorteilhaft, das Reaktionsgemisch bis 120° C sich selbst zu überlassen und nicht zu kühlen, vielmehr den Kolben abwechselnd in ein kochendes Wasserbad zu tauchen, bis die Temperatur zu sinken beginnt. Auf diese Weise steigt die Ausbeute um das $2^1/_2$fache an Borneol, welches den Schmelzp. 203,5 bis 204° C besaß, einen Essigester (Schmelzp. 29° C), eine Chloralverbindung (Schmelzp. 56° C) und bei der mit Permanganat bewirkten Oxydation den bei 174° schmelzenden Campher (Schmelzpunkt des Oxims 116°), ferner die bei 184 bis 186° C schmelzende Camphersäure (Schmelzpunkt des Anhydrids 221 bis 222° C) lieferte[1]).

Dem Chlorhydrat ähnlich ist das Bromhydrat des Pinens $C_{10}H_{16}BrH$, das von *Deville*[2]) und *Papasogli*[3]) zuerst dargestellt wurde. *Wallach* fand den Schmelzpunkt bei 90° C, den Siedepunkt etwas höher liegend als denjenigen des Chlorhydrats[4]). Im chemischen Verhalten gleicht es ebenfalls dem Chlorhydrat, insbesondere darin, daß es sich durch Natriumacetat und Eisessig in Camphen umwandeln läßt.

Die entsprechenden Jodprodukte des Pinens, Borneols und Isoborneols wurden von *Wagner* und *Brickner*[5]) gelegentlich einer vergleichenden Untersuchung über die Konstitution der Campheralkohole, sowie des Camphens studiert. Das zuerst von *Deville* und *Baeyer* hergestellte Pinenjodhydrat[6]) ist nach *Wagner* und *Brickner* leicht zu erhalten, wenn man z. B. 400 g französisches Terpentinöl vom Siedep. 155 bis 156,5° C in Portionen zu je 50 g unter Temperaturen bis zu derjenigen des kochenden Wasserbades mit trockenem Jodwasserstoff sättigt. Will man aber bessere Ausbeuten und ein reineres Produkt erzielen, so wird das Terpen während der Operationen zweckmäßig durch eine Kältemischung abgekühlt; das Einwirkungsprodukt in Eiswasser gegossen, mit wäßriger Lauge geschüttelt und hierauf mit Wasserdampf destilliert, ergibt schließlich ein in Wasser untersinkendes Öl als Destillat, das unter vermindertem Luftdruck der fraktionierten Destillation unterworfen, bei 11,5 mm eine bei 113 bis 115° C siedende Hauptfraktion in einer Ausbeute von 365 g liefert.

---

[1]) *Wagner* u. *Brickner:* Ber. d. chem. Ges. **32**, 2305.

[2]) Ann. d. Ch. **37**, 181. [3]) Ber. d. chem. Ges. **10**, 84.

[4]) *Wallach:* Ann. d. Ch. **239**, 7 (1887). Das Bromhydrat zersetzt sich beim Sieden.

[5]) Ber. d. chem. Ges. **32**, [2], 2319 (1899).

[6]) Ann. Chim. Phys. **75**, 37 und Ann. d. Ch. **37**, 176 und Ber. d. chem. Ges. **26**, 826.

Das Pinenjodhydrat ist eine schwere, vollkommen farblose Flüssigkeit, welche unter 15 mm Druck bei 118 bis 119° C siedet, in der Kältemischung fest wird und bei —3° C schmilzt. Es läßt sich bei Abschluß des Lichtes jahrelang, ohne gefärbt zu werden, aufbewahren. $D\frac{0^0}{0^0} = 1{,}4826$; $D\frac{20^0}{0^0} = 1{,}4635$.

Ein aus Terpentinöl von $[\alpha]_D = 37° 50'$ gewonnenes, nur mit wäßriger Kalilauge behandeltes Präparat (Siedep. 113 bis 115° bei 11,5 mm) ergab Linksdrehung vom Werte —33° 34'; das aus demselben nach 10stündigem Erhitzen mit weingeistiger Kalilauge erhaltene Präparat (Siedep. 118 bis 119° C bei 16 mm) ergab —32° 40'; ein aus letzterem durch weiteres 30stündiges Erhitzen mit demselben Agens dargestelltes Präparat = —31° 25'. Demnach wird die optische Aktivität durch das Erhitzen mit Lauge herabgedrückt. Von Kaliumpermanganat wird das Jodid äußerst schwer angegriffen. Rauchende Salpetersäure oxydiert es unter Abscheidung von Jodkrystallen schon bei —20° C. Das Pinenjodhydrat gibt langsam an weingeistige Kalilauge bereits bei Wasserbadtemperatur die Jodwasserstoffsäure ab; wird es 10 Stunden mit weingeistiger Kalilauge im Wasserbade erhitzt, der Weingeist aus demselben abdestilliert und der Rest mit Wasserdampf übergetrieben, so erfolgt beim Verdünnen des weingeistigen Destillates mit Wasser die Abscheidung von festem Camphen mit einem Siedepunkt von 153 bis 158° C (764 mm) und einem Schmelzpunkt von 51 bis 59,5° C, jedoch nur in einer Ausbeute von einigen Prozenten; bei 160 bis 170° C aber erfolgt die Abscheidung nach kurzer Zeit quantitativ. Hieraus ist jedenfalls ersichtlich, daß diese Verbindung weniger beständig ist als das Pinenchlorhydrat, was auch schon daraus hervorgeht, daß es, in alkoholischer Lösung mit Silbernitrat zusammengebracht, schon bei gewöhnlicher Temperatur an dieses seinen Jodgehalt quantitativ abgibt, während Pinenchlorhydrat mit Silberverbindungen nicht reagiert. Noch leichter wird das Jodid von Silberacetat und Essigsäure angegriffen und zwar gibt es dabei: Camphen, die Bornylacetate, den Essigester des gewöhnlichen optisch inaktiven Terpineols und Dipenten, ein Umstand, der für die Konstitution des Pinenjodhydrates von Bedeutung ist.

Das Camphen.

Von den zum Camphen und dem Fenchen in naher Beziehung stehenden Kohlenwasserstoffen der Formel $C_{10}H_{16}$, welche als Camphene bezeichnet werden, existieren zwei chemisch verschiedene Verbindungen, das eigentliche Camphen und das Bornylen. Von beiden, welche die einzig festen Terpene dieser Zusammensetzung sind, ist das Camphen die technisch wichtigere Verbindung, weil sie sich leichter gewinnen läßt und ein Zwischenprodukt der praktischen Camphersynthese vorstellt.

Camphen. Durch die Untersuchungen von *Bertram* und *Walbaum* ist es möglich geworden, das natürliche Vorkommen des Camphens in ätherischen Ölen nachzuweisen, da es nämlich durch Hydratation mit Essigsäure und Schwefelsäure in Isobornylacetat übergeht, so daß es genügt, die Destillate, in welchen Camphen vermutet wird, auf die gekennzeichnete Weise zu behandeln, das Isobornylacetat zu reinigen und zu verseifen, um das durch den hohen Schmelzpunkt von 212° charakteristische Isoborneol[1]) als Umwandlungsprodukt des Camphens zu gewinnen. Derart wiesen *Bertram* und *Walbaum* d- oder l-Camphen im Citronellaöl, Ingweröl und Campheröl nach. Es soll weiterhin im Spicköl, Baldrianöl sowie im Terpentinöl enthalten sein. *Schindelmeiser* fand es im sibirischen Tannennadelöl[2]). Zur technischen Gewinnung des Camphens eignen sich jedoch diese ätherischen Öle ebensowenig wie die natürlichen in europäischen Pflanzen vorkommenden Campherarten, deren Reduktionsprodukt es vorstellt; nur als Abspaltungsprodukt des salzsauren Terpentinöls auf künstlichem Wege kann es technisch erhalten werden.

Die Abspaltung der Salzsäure erfolgt durch Ammoniak unter Druck, Erdalkali- und Alkaliverbindungen leichter als durch gewöhnliche Alkalien selbst. Es wird, je nachdem als Ausgangsprodukt d- oder l-Pinen gewählt wird, entsprechend eine dieser physikalisch verschiedenen Modifikationen, daneben häufig auch das optisch inaktive Produkt gewonnen und stellt Krystalle vom Schmelzp. 51 bis 52° C vor.

Die Versuche, aus Pinenhydrochlorid einen Kohlenwasserstoff abzuspalten, rühren von *Oppermann* her, welcher zeigte, daß hierzu die Destillation mit Kalk genügt. *Dumas* wiederholte den Versuch, indem er Pinenhydrochlorid mit der 3- bis 4fachen Menge an gebranntem Kalk vermischte, sodann rasch destillierte und das erhaltene Produkt neuerdings nach Vermischen mit Kalk der Destillation unterwarf; wurde diese Operation 5- bis 6mal wiederholt, so resultierten 75 Proz. vom Gewichte des Ausgangsproduktes an Camphen[4]). Genauere Angaben über die Natur des Kohlenwasserstoffes lieferte *Berthelot*[3]). Er stellte aus l-Pinen (Terebenthen) zunächst dessen Chlorhydrat her, aus letzterem durch Erhitzen während 30 bis 40 Stunden mit stearinsaurem Kali, dem 8- bis 10fachen Gewichte trockener Seife, oder dem 2fachen Gewichte benzoesauren Natrons in geschlossenen Röhren bei 240 bis 250° C l-Camphen (Terecamphen). Auf die gleiche Weise wurde r-Camphen (Austracamphen) aus r-Pinen (Australen) gewonnen. Bei der Anwendung von stearinsaurem Baryt oder benzoesaurem Natron resultierte neben l-Camphen inaktives Camphen. Ätzkalk erzeugte über 150° C wenig inaktives Camphen, das ebenso durch Erhitzen von Pinenchlorhydrat für sich oder mit Ätzbaryt und Stearinsäure auf 200° C erzielt wurde. Nach *Berthelot* ist als normales Produkt der Umsetzung von l-Pinenchlorhyorat l-Camphen, welches sich nur unter 250° C unter dem Einflusse schwacher Säuren bildet, anzusehen.

Die leichte Gewinnungsmöglichkeit des Camphens aus Pinenhydro-

[1]) Bei gleichzeitiger Anwesenheit von Terpentinöl ist dieser Nachweis schwieriger. Vgl. *Bertram* u. *Walbaum:* Journ. f. pr. Ch. **49**, 15 u. f. (1894).

[2]) *Schindelmeiser:* Chem. Zentralbl. **1**, 835 (1903).

[3]) Ann. d. Ch. **9**, 60 (1834).

[4]) *Berthelot:* Ann. d. Ch. 1859, 367. Jahresber. f. Ch. 1862, 457; vgl. auch die Ausführungen im Kapitel „Pinenchlorhydrat."

chlorid veranlaßte, als man sich mit diesem Terpen näher beschäftigte, die Ausarbeitung zweckmäßiger Laboratoriumsverfahren zu dessen Herstellung. Ganz allgemein erfolgt die Abspaltung von Halogenwasserstoff aus den Terpenhaloidwasserstoffadditionsprodukten meist leicht, wenn man letztere in Eisessiglösung mit Natriumacetat kurze Zeit kocht. Es werden hierbei die Kohlenwasserstoffe zurückgebildet; sie lassen sich von den wenigen entstehenden Nebenprodukten durch fraktionierte Destillation trennen [1]). *Wallach* z. B. stellte Camphen aus Pinenchlorhydrat und getrocknetem Natriumacetat her, indem er gleiche Teile davon mit 2 Tl. Essigsäure 3 bis 4 Stunden auf 200° C erhitzte und dann destillierte [2]). Die Ausbeute an Camphenen ist jedoch bei dieser Art Darstellung technisch nicht befriedigend. Auch *Marsh* und *Stockdale* verwandten Pinenchlorhydrat, Natriumacetat und Essigsäure, steigerten aber die Temperatur auf 250° C. Das Endreaktionsprodukt war aber nicht frei von Pinenchlorhydrat und anderen Nebenprodukten. Es muß übrigens hervorgehoben werden, daß es nicht gleichgültig ist, ob zur Abspaltung der Salzsäure aus Pinenhydrochlorid die Natrium- oder Kaliumverbindung gewählt wird. So zeigte *Brühl*, daß die Camphenbildung durch Erhitzen von Pinenhydrochlorid mit essigsaurem Kali und Kalihydrat in alkoholischer Lösung auf 180 bis 200° C selbst nach 15stündiger Digestion noch keine vollständige ist, hingegen resultieren 87 Proz. der theoretischen Ausbeute, wenn statt der Kalium- die Natriumverbindung benutzt wird. Molekulare Mengen Pinenhydrochlorid und krystallisiertes Natriumacetat, mit einem kleinen Überschuß von Natriumhydroxyd und 40 ccm 96proz. Alkohol im geschlossenen Rohr 6 bis 8 Stunden auf 180 bis 200° C erhitzt, ermöglichten diese Ausbeute. Aber der Schmelzpunkt des mit Wasserdampf übergetriebenen Camphens variierte je nach der Dauer des Erhitzens und der eingehaltenen Temperatur zwischen 42 bis 50° C [3]). Auch lieferte essigsaures Kali, mit dem Pinenhydrochlorid und noch Anilin zur Bindung frei werdender Essigsäure in molekularen Mengen und in alkoholischer Lösung mehrere Stunden auf 150 bis 180° C erhitzt, nur sehr wenig Camphen. Hauptsächlich entstand neben unzersetztem Pinenhydrochlorid Bornylessigester. [4])

Weit vollständiger gelingt die Abspaltung der Salzsäure nach dem Verfahren *Reychlers*. Dasselbe hat auch in der Praxis Bedeutung erlangt. *Reychler* wählte nämlich als milde wirkendes Alkali Kaliumphenolat und stellte aus dem Pinenhydrochlorid Camphen auf folgende Weise her: 65 g Phenol wurden in 25 g heißem Kalihydroxyd gelöst, worauf das Wasser durch Erhitzen auf 175° C größtenteils entfernt wurde. Nunmehr wurden 35 g Pinenchlorhydrat eingetragen, sodann das Gemenge 20 bis 25 Minuten am Rückflußkühler auf 160 bis 170° C erhitzt. Durch Steigerung der Temperatur auf 190° C konnte das entstandene Camphen abgetrieben werden. Es war nach dem Waschen

[1]) *Wallach:* Ann. d. Ch. **239**, 3, 6 u. f.

[2]) *Marsh* u. *Stockdale:* Journ. of chem. Soc. **57**, 965.

[3]) *Brühl:* Ber. d. chem. Ges. 1892, 147.

[4]) Ibid. S. 146

mit Kalilauge chlorfrei. (Schmelzp. 42 bis 43° C, Siedep. 155 bis 161° C. Ausbeute 20,5 g.) *Reychler* gibt an, daß auf diese Weise eine 75 proz. und höhere Ausbeute leicht zu erhalten ist, daß aber das Gelingen der Operation hauptsächlich von der Reinheit des festen Pinenchlorhydrats abhänge[1]).

Ullmann und *Schmid* haben wie *Brühl* die Einwirkung von Anilin auf Bornylchlorid studiert und fanden auch, daß bei 200° C wenig Camphen entstehe. Erst bei der Siedetemperatur des Anilins findet reichliche Abscheidung von Camphen statt, wobei aber immerhin eine sehr wesentliche Menge des Chlorids sich in Bornylanilin umgewandelt hat. Es läßt sich daher annehmen, daß das Bornylanilin sich schon bei niedrigerer Temperatur

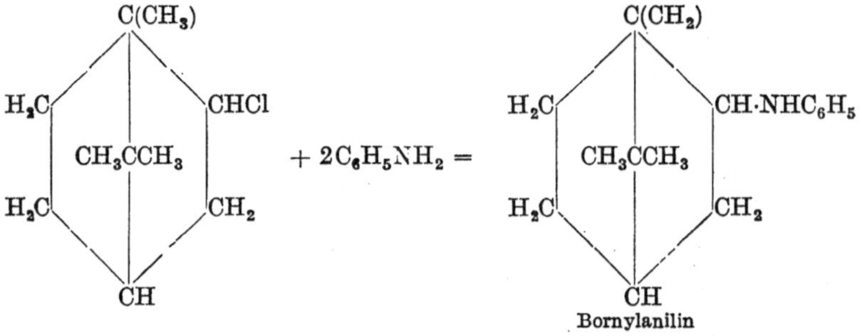

$C(CH_3)$; H_2C ; $CHCl$; CH_3CCH_3 ; H_2C ; CH_2 ; CH $+ 2 C_6H_5NH_2 =$ $C(CH_2)$; H_2C ; $CH \cdot NHC_6H_5$; CH_3CCH_3 ; H_2C ; CH_2 ; CH

Bornylanilin

bilde, aber erst bei der Siedetemperatur des Anilins zersetzt werde, weshalb zur Erzielung einer guten Ausbeute das Übertreiben des Camphens mit Wasserdampf nicht genügt, vielmehr direkte Destillation erforderlich ist, um das Bornylanilin zu zersetzen.

$$C_{10}H_{17}NHC_6H_5 = C_6H_5NH_2 + C_{10}H_{16}.$$

Ganz in ähnlicher Weise reagieren die Homologen des Anilins[2]).

Daß in allen diesen Fällen die Abspaltung des Camphens aus Pinenchlorhydrat einer Abspaltung von Wasser aus Borneol gleichkommt, daß somit das Pinenchlorhydrat als Bornylderivat betrachtet werden muß, erhellt daraus, daß auch aus Borneol direkt Camphen erhalten werden kann, wenn man gleiche Gewichtsteile scharf getrockneten Kaliumdisulfats und Borneol einige Stunden am Rückflußkühler im Ölbad auf 200° erhitzt. Bei der nachfolgenden Destillation mit Wasserdampf und Rektifikation resultieren reichliche Mengen Camphen[3]); ebenso kann letzteres aus Bornylamin oder dessen Formylverbindung durch Erhitzen mit der $1^1/_2$- bis 2fachen Menge Essigsäureanhydrid gewonnen werden[4]).

---

[1]) *Reychler:* Ber. d. chem. Ges. **29**, 696. Ferner Bull. de la Soc. chim. (3) **15**, 371.
[2]) Ber. d. chem. Ges. **43**; 3202.
[3]) *Wallach:* Ann. d. Ch. **230**, 235.
[4]) *Wallach* u. *Griepenkerl:* Ibid. **269**, 349 (1892).

Bornylamin wurde von *Wallach* nach einem von *Leuckart* und *Bach* angegebenen Verfahren aus Campher hergestellt [1]. Nach der Modifikation von *Wallach* konnte auf folgende Weise eine 80 bis 82proz. Ausbeute erzielt werden: Gleiche Teile (höchstens 4 g) Campher und Ammoniumformiat wurden 5 Stunden auf 220 bis 230° C erhitzt, wodurch sich zähflüssiges Formylbornylamin nebst freiem Bornylamin bildete; das durch Behandlung mit Wasser zum Erstarren gebrachte Produkt wurde 5 bis 6 Stunden mit alkoholischem Kali erhitzt, um die Formylverbindung zu zerlegen, und sodann das Bornylamin mit Wasserdampf überdestilliert. Um einem Verstopfen des Kühlrohres vorzubeugen, wurde in den Kolben hier und da Alkohol eintropfen gelassen. Schließlich wurde das Destillat mit Salzsäure behandelt, vom unangegriffenen Campher abfiltriert, eingeengt, mit Äther gereinigt, durch Kali zerlegt und das sehr flüchtige Bornylamin aus einem Apparate mit angeschmolzenem Kühlrohre fraktioniert. Bornylamin ist leicht löslich in Äther und Alkohol. Schmelzp. 159 bis 160° C.

Die durch die beschriebenen Verfahren gewonnenen Camphene sind nicht selten noch chlorhaltig und es bedarf genauer Verfahren, um sie von diesem Gehalt zu befreien; um absolut reines Camphen zu erhalten, läuterte *Brühl* ein aus Pinenhydrochlorid gewonnenes Camphen durch Kochen mit Natrium, bis letzteres vollkommen unangegriffen blieb. Bei der darauffolgenden fraktionierten Destillation ging alles Camphen innerhalb 158 bis 159,5° C über und war völlig chlorfrei, aber das Produkt war noch nicht völlig rein, da dessen Schmelzpunkt noch ziemlich niedrig war; es wurde in Alkohol gelöst, mit Wasser bis zur noch verschwindenden Trübung versetzt und in einer Kältemischung krystallisiert. Erst durch Wiederholung des Vorganges wurde die Konstanz des Schmelzpunktes von 51 bis 52° C erreicht. Es erstarrte scharf bei 50° C[2]). Als weitere physikalische Konstante wurden für diesen Kohlenwasserstoff bekannt: Dichte $\frac{(54°)}{(4°)} = 0{,}84224$, Dichte (48°) $= 0{,}850$; Dichte im flüssigen Zustand $= 0{,}8881$ bis $0{,}000839\, t_0$, Brechungsexponent (flüssiger Zustand) (48°) $n_c = 1{,}4555$, Molekularrefraktion $= 43{,}40$ Drehungsvermögen (in alkohol. Lösung): $\alpha_D = 53{,}80°$ bis $0{,}03081\, e$ (e = Gewicht des Alkohols in 100 Gewichtsteilen Lösung)[3]).

Bei der Herstellung des Camphens aus Pinenchlorhydrat mit einer alkoholischen Lösung von Kaliumacetat durch Erhitzen auf 150° verminderte sich das ursprüngliche Drehungsvermögen von 80,37° mit der Zunahme der Erhitzungsdauer (*Bouchardat, Lafont*).

Wird Camphen an der Luft erhitzt, so absorbiert es viel Gas, weshalb Vakuumdestillation behufs Reindarstellung erforderlich ist.

Reines Camphen ist weich und mürbe und zeigt deutlich krystallinische Struktur, während unreines zähe ist. Wird Camphen in geschlossenen Ge-

---

[1]) Ber. d. chem. Ges. **20**, 104.

[2]) *Brühl:* Ber. d. chem. Ges. 1892, 147.

[3]) *Wallach:* Ann. d. Ch. **245**, 310 (1888).

fäßen aufbewahrt, so sublimieren im Laufe von Jahren ausgebildete, bis zu 1,5 cm lange Krystalle, die sich zusammendrücken lassen, ohne zerquetscht zu werden.

Reines Camphen aus Pinen des amerikanischen Terpentinöls besaß: Schmelzp. 43 bis 43,5° C, $d\frac{50°}{4°} = 0,8486$; $M_D = 43,98$.

Ebenso reines Camphen aus Pinen des griechischen Terpentinöls besaß: Schmelzp. 46 bis 47° C., Siedep. (742 mm) 157,2 bis 157,9°, $d\frac{(50°)}{(4°)} = 0,8446$, $M_D = 43,91$.

Das aus anderem Material als Pinenhydrochlorid gewonnene Camphen ist nicht so rein wie das eben beschriebene. So erhielt *Montgolfier* aus Campherchlorid bei der Reduktion neben Cymol Camphen, und *Spitzer* stellte es gleichfalls aus einem bei 155 bis 155,5° C schmelzenden Campherdichlorid $C_{10}H_{16}Cl_2$ und Natrium auf folgende Weise her: Das Campherchlorid, in absolutem Äther gelöst, wurde in einem mit Rückflußkühler versehenen Kölbchen mit der berechneten Menge Natrium in dünnen Scheiben versetzt. Die nach kurzer Zeit von selbst einsetzende Reaktion wurde durch Erwärmen auf dem Wasserbade und Hinzufügen frischen Natriums zu Ende geführt. Das Reaktionsprodukt wurde mit Äther ausgeschüttelt, eingeengt und nochmals mit Natrium behandelt. Das abermalige Ausschütteln mit absolutem Äther ergab, von letzterem befreit, eine bräunlich gefärbte Flüssigkeit, die, der fraktionierten Destillation unterworfen, ein bei 159 bis 163° C übergehendes Hauptdestillat, welches im Kühlrohr und in der Vorlage zu einer krystallinischen Masse erstarrte und einen Schmelzpunkt von 52 bis 54° C zeigte, welcher nach vollständiger Reinigung sogar auf 57 bis 58° C stieg. Auf diese Weise wurden ca. 50 Proz. der theoretischen Menge an Camphen erhalten. Das derart gewonnene Produkt bildete eine farblose, durchscheinende, aus Äther krystallisiert, blendend weiße Krystallmasse und besaß einen an Terpentinöl und Campher erinnernden Geruch. Der Siedepunkt (745,2 mm) wurde zu 158,9 bis 159,9° C, der Schmelzpunkt zu 57,5 bis 58,8° C, der Erstarrungspunkt zu 57,5° C, die Dichte (99,84° C) zu 0,8345 bestimmt[1]).

Das aus Borneol mit Chlorphosphor erhaltene Reaktionsprodukt spaltet mit Leichtigkeit Salzsäure unter Bildung von Camphen ab. *Kachler*[2])

---

[1]) *Spitzer:* Ann. d. Ch. **197**, 127 (1879), Ber. d. chem. Ges. **10**, 1034; *Montgolfier:* Compt. rend. **85**, 286, (Chem. Zentralbl. **1877**, 628), welcher gleichfalls aus Campherchlorid neben Cymol Camphen erhielt; ferner *Riban:* Jahresber. d. Ch. 1875, 394.

[2]) *Kachler:* Ann. d. Ch. **197**, 96 (1879). Wie *Wallach* (Ann. d. Ch. **230**, 234) zeigte, ist Camphen bei höheren Temperaturen, selbst bei Abschluß von Luft nicht beständig. Er erhitzte es auf 250 bis 270° C in zugeschmolzenen Röhren. Der Röhreninhalt war geschwärzt und verflüssigt. Die Rektifikation desselben ergab neben unverändertem Camphen niedriger und höher als dieses siedende Anteile. Aus dieser Tatsache schließt *Wallach*, daß eine erwartete Bildung von Camphen nicht eintritt, wenn die Operation bei höherer Temperatur vorgenommen wird und erklärt damit, daß *Kachler* bei der Destillation von Bornylchlorid über Ätzkalk nur wenig festes Camphen, meist aber flüssige Produkte erhielt. Vgl. S. 36.

fand, daß es schon beim bloßen Stehen über Schwefelsäure in Salzsäure und ein braungelbes Öl zerfalle; beim Erwärmen mit viel Wasser im zugeschmolzenen Rohre auf 90 bis 95° C tritt jedoch vollkommene Zersetzung in Salzsäure und Camphen $C_{11}H_{16}$ ein. Diese Reaktion verläuft bei Anwendung der 40fachen Wassermenge quantitativ. Noch glatter erfolgt die Abspaltung der Salzsäure, wenn das Chlorid mit viel Wasser und etwas Kalilauge oder gebrannter Magnesia im geschlossenen Rohr bei höchstens 95° C durch 20 Stunden erhitzt wird. Auch als dieses Bornylchlorid in verdünntem Alkohol mit Natriumamalgam behandelt wurde, resultierte nur Camphen vom Schmelzp. 49,5° C [1]).

Ein so gewonnenes Produkt besaß einen Schmelzpunkt von 50,7° C, verflüchtigte sich ebenfalls an der Luft sehr rasch, war in Wasser unlöslich, in Alkohol und Äther leicht löslich. Natürlich lieferte das aus Borneol bereitete Chlorid, wenn es für sich oder mit starken Basen, wie Kalk usw. destilliert wurde, neben geringen Mengen festen Camphens hauptsächlich flüssige Kohlenwasserstoffe, aus welchen bei längerem Stehen allerdings auch festes Camphen herauskrystallisierte.

Die Zerlegung des von *Wallach* aus Borneol mit Chlorphosphor bereiteten Chlorids ließ sich durch $^1/_2$stündiges Kochen von 1 Mol. dieses Chlorids mit 1 Mol. Natriumalkoholat bewerkstelligen. Dabei entstanden neben Camphen ölige Nebenprodukte. *Wallach* hat ferner gezeigt, daß sich das Umsetzungsprodukt aus Borneol und Chlorphosphor in kürzester Zeit in Camphen umwandeln läßt, wenn man ersteres mit Anilin zerlegt [2]), in welchem dieses Chlorid schon durch schwaches Erwärmen klar aufgelöst werden kann. Erhitzt man jedoch sodann bis nahe zum Kochpunkt des Anilins, so erfolgt plötzlich unter Aufwallen der Flüssigkeit die Bildung des Camphens neben Ausscheidung von salzsaurem Anilin. Nach dem Abkühlen wird zur Entfernung des überschüssigen Anilins mit verdünnter Salzsäure durchgeschüttelt und gewaschen. Das in der Kälte zu klumpigen Massen erstarrte Camphen kann mit Wasserdampf destilliert werden, wobei es als wasserhelle Flüssigkeit, die zu einer paraffinartigen Masse erstarrt, übergeht. Die weitere Reinigung durch Schmelzen des abgepreßten Camphens, dessen Trocknen durch Digestion mit festem Ätzkali und Rektifikation, wobei die Hauptmenge zwischen 160 bis 161° C überdestilliert, führt zu einem Produkt, dessen Schmelzpunkt bei 48 bis 49° C liegt. Obgleich diese Methode rasch zum Ziele führt, ist sorgfältigste Darstellung erforderlich, um zu einem reinen Produkte zu gelangen. Als nämlich *Brühl* Camphen aus einem Chlorid, das aus ganz reinem Borneol nach der Methode von *Wallach* durch Einwirkung von Phosphorchlorid gewonnen worden war, herstellen wollte, beobachtete er, daß die vollständige Abspaltung des Chlorwasserstoffes durch Kochen mit Anilin nicht leicht erfolge [3]), und, obgleich nach 4stündigem Kochen die Umwandlung

---

1) *Kachler* u. *Spitzer:* Sitzungsber. Akad. d. Wissensch., Wien **82**, 2, 320.
2) *Wallach:* Ann. d. Ch. **230**, 233 (1885).
3) *Brühl:* Ber. d. chem. Ges. 1892, 148.

größtenteils vollzogen war, zeigte das durch wiederholte Wasserdampfdestillation gereinigte Produkt noch immer Chlorgehalt. Erst als es mit Natron entwässert und hierauf mit Natriummetall gekocht und destilliert wurde, erwies es sich chlorfrei und besaß sodann den Schmelzpunkt von 53,5 bis 54° C, sowie den Erstarrungspunkt von 53 bis 52,5° C.

Die eingehenden Untersuchungen von *Wagner* und *Brickner* haben dargetan, daß es überhaupt nur zwei camphenliefernde Verbindungen der Zusammensetzung $C_{10}H_{17}X$ gibt, und zwar die Haloidanhydride des Isoborneols und diejenigen des Borneols [1]. Die ersteren entstehen aus diesem mittels der Phosphorhalogenverbindungen und der Haloidwasserstoffsäuren, aber auch durch Anlagerung letzterer an Camphen, mithin sind die Camphenadditionsprodukte als Isobornylderivate zu betrachten, während die als Pinenhaloidhydrate bezeichneten Verbindungen Abkömmlinge des Borneols sind. Und wie bereits *Wallach* und *Kachler* und *Spitzer* zeigten, ist das aus Borneol und Fünffachchlorphosphor entstehende Produkt nicht mit Bornylchlorid identisch, sondern nach *Wagner* und *Brickner* ein Gemenge, hauptsächlich aus Isobornylchlorid neben sehr wenig Bornylchlorid bestehend. Auch das beim Erhitzen von Borneol mit rauchender Salzsäure auf 100° C entstehende Produkt ist hauptsächlich ein Isobornylderivat; wohl aber entsteht bei der Einwirkung von Jodwasserstoff auf Borneol neben wenig Isobornyljodid als Hauptprodukt Bornyljodid.

Das reine Camphen zeigt gegenüber den verschiedenen Reagentien diejenigen Eigenheiten, welche seine Stellung in der Terpenreihe und seine Beziehung zum Campher charakterisieren. Kurzes Erhitzen mit Phosphorsäureanhydrid verwandelt es in eine auch bei sehr niedriger Temperatur nicht mehr erstarrende Flüssigkeit, welche u. a. Cymol enthält. Ein Teil der Substanz verharzt dabei [2]; mit Chlorzink einige Zeit auf 200° C erhitzt, gibt es mit Wasserdämpfen leicht flüchtige, nicht mehr erstarrende Produkte, daneben reichliche Mengen eines colophenartigen, mit Wasserdämpfen nicht flüchtigen dicken Öles [3].

Durch konzentrierte wie verdünnte Schwefelsäure wird Camphen verändert, jedoch wirkt letztere nur sehr langsam ein [4].

Kachler und *Spitzer* glaubten, daß Camphen durch Erhitzen mit verdünnter Schwefelsäure sich direkt in Borneol umwandeln läßt [5]. Schon als

---

[1]) Über die Isomerisation sekundärer hydroaromatischer Alkohole zu tertiären Alkoholen vgl. *Kondakow:* Journ. f. prakt. Ch. **65**, 205 u. f. (1902).

[2]) *Wallach:* Ann. d. Ch. **230**, 234.

[3]) *Wallach:* Ibid. [4]) *Wallach:* Ann. d. Ch. **239**, 8.

[5]) *Kachler* u. *Spitzer:* Ann. d. Ch. **200**, 354 (1880). Die direkte Umwandlung der Terpene in Alkohole ist in der Terpenchemie nicht unbekannt. So z. B. kann man Pinen in Terpineol durch Behandlung mit alkoholischer Schwefelsäure überführen. Auch die weitergehende Umwandlung in Terpinhydrat durch mehrtägiges Stehen eines Gemisches von Pinen, alkoholischer Schwefelsäure und Wasser wurde von *Flawitzky* durchgeführt. (Ber. d. chem. Ges. **12**, 857, 1022, 1406; **20**, 1956, 2354). Wird flüssiges Terpineol in Benzol gelöst und 8 bis 10 Tage mit 100 Teilen 5 proz. Schwefelsäure geschüttelt, so entsteht Terpinhydrat. (*Tiemann* u. *Schmidt:* Ber. d. chem. Ges. **1895**, 1781).

Camphen vom Schmelzp. 51 bis 52° C 12 Stunden mit verdünnter Essigsäure im zugeschmolzenen Rohre auf 110° C erhitzt wurde, stieg dessen Schmelzpunkt auf 59° C. Durch Erhitzen eines Camphens vom Schmelzp. 58° C mit verdünnter Schwefelsäure unter denselben Umständen konnte eine Steigerung des Schmelzpunktes auf 71° C beobachtet werden, und als Camphen mehrere Tage im geschlossenen Rohr mit verdünnter Schwefelsäure erhitzt wurde, lieferte es ein nach Borneol riechendes Rohprodukt, welches, von geringen Mengen öliger Substanzen abgepreßt, den Schmelzp. 78° bis 80° C besaß und beim Destillieren und Sublimieren schließlich ein Produkt vom Schmelzp. 162 bis 165° C ergab, das zwar unrein, aber den äußeren Eigenschaften zufolge von *Kachler* und *Spitzer* als Borneol betrachtet wurde, in der Tat aber Isoborneol vorstellte, wie denn auch Camphen beim Erwärmen mit Eisessig und Schwefelsäure Isobornylacetat gibt[1]).

Daß Camphen einen ungesättigten Kohlenwasserstoff vorstellt, geht aus seiner Molekularrefraktion hervor, welche von *Brühl* und *Wallach* eingehend untersucht wurde. Das Vorhandensein einer Doppelbindung bedingt auch seine Fähigkeit, Säuren anzulagern. Wie Pinen bildet es mit den Halogenwasserstoffsäuren Additionsprodukte.

Camphenchlorhydrat wurde von *Riban* erhalten, als er das Camphen in wenig absolutem Alkohol löste und mit Salzsäure sättigte. Schmelzp. 149 bis 151° C[2]).

Semmler[3]) hat sowohl Camphenchlorhydrat $C_{10}H_{16}HCl$ als auch Camphenbromhydrat $C_{10}H_{16}HBr$ hergestellt, und zwar wurde das Camphenchlorhydrat durch Einleiten von Chlorwasserstoff in eine absolut alkoholische Lösung von Camphen erhalten; in gleicher Weise kann Camphen durch Isoborneol ersetzt werden[4]). Camphenchlorhydrat bildet Krystalle, welche leicht sublimationsfähig sind, ihrer Zersetzlichkeit halber aber vorteilhaft im Salzsäurestrom sublimiert werden. Es ist im Gegensatz zum Pinenchlorhydrat durch den leichten Zerfall in Salzsäure und Camphen charakterisiert. Wirkt Bromwasserstoff auf eine Lösung von Camphen in absolutem Alkohol ein, so fällt das Bromhydrat quantitativ, jedoch ölig aus; durch starkes Abkühlen der Lösungen resultieren schön ausgebildete Krystalle vom Schmelzp. 133° C. Das Camphenbromhydrat $C_{10}H_{16}HBr$ verhält sich alkoholischem Alkali gegenüber wie das Chlorhydrat und spaltet Bromwasserstoff unter Bildung von Camphen ab; bei der Behandlung mit Natrium und Alkohol entsteht nur Camphen; Brom wird durch Wasserstoff nicht substituiert.

---

1) *Bertram* u. *Walbaum:* l. c.

2) *Riban:* Ann. de la chim. (5) **6**, 363, 372. Die für Camphenchlorhydrat angegebenen Schmelzpunkte variieren sehr; dies rührt daher, daß dieses Produkt bisher wahrscheinlich überhaupt nicht rein dargestellt wurde. *Meerwein* u. *van Emster* wiesen die leichte Veränderlichkeit dieser Präparate nach. Vgl. S. 20 u. f.

3) *Semmler:* Ber. d. chem. Ges. **39**, 3428 (1900).

4) Dieses Verfahren wurde auch von *Reychler* (Bull. de la Soc. chim. (3) **15**, 373) benützt. Er gibt den Schmp. zu 149 bis 151° C an und zeigte die nahe Beziehung zwischen Camphen und Isoborneol.

Wie mit anderen Säuren verbindet sich Camphen, wie *Reychler* zeigte, auch mit Trichloressigsäure zu einem Isobornylester, der verseift, Isoborneol leicht in guter Ausbeute, jedoch nicht so quantitativ gewinnen läßt, wie das Verfahren von *Bertram* und *Walbaum*. Die Verseifung mittels alkoholischer Kalilauge führt zu Nebenprodukten[1]).

Wird das Camphenhydrochlorid in der Wärme mit Kalkmilch behandelt, so geht es nach *Aschan*[2]) in einen tertiären, dem Borneol isomeren Alkohol, das Camphenhydrat (Siedep. 205° C, Schmelzp. 142° C, f. sublim. Subst. Schmelzp. 150 bis 151° C) über, welches schon beim Schütteln mit verdünnten Mineralsäuren, beim Kochen mit Essigsäure oder bei der Destillation Wasser abspaltet, wobei Camphen zurückgebildet wird. Das gleiche Produkt in vermehrter Ausbeute wird aus Bornylchlorid erhalten[3]).

Bestimmung des Camphenchlorhydrats neben Pinenchlorhydrat nach *Hesse*[4]): Die Reaktion beruht darauf, daß Pinenchlorhydrat und Camphenchlorhydrat sich voneinander durch die verschieden leichte Abspaltbarkeit der Salzsäure unterscheiden und daß durch Bestimmung der Verseifungszahl in Verbindung mit einer Chlorbestimmung Camphenchlorhydrat neben Pinenchlorhydrat quantitativ ermittelt werden kann. Camphenchlorhydrat spaltet nämlich bei einstündigem Kochen mit $n/_2$ alkoholischer Kalilauge 94,2 Proz. der Salzsäure ab. (Die Lösung darf nicht mit Alkohol verdünnt werden, da sonst weniger Salzsäure abgespaltet wird.) Dagegen spaltet reines (aus Benzol umkrystallisiertes) Pinenchlorhydrat bei einstündigem Kochen mit derselben Lauge nur ca. 5 Proz. der Salzsäure des Pinenchlorhydrats ab (dieselben dürften überdies teilweise von beigemengtem, durch Umkrystallisieren nicht zu entfernendem Camphenchlorhydrat herrühren).

Auch das Isobornylchlorid unterscheidet sich vom Camphenhydrochlorid durch eine erheblich festere Bindung des Chloratoms; es wird z. B. von schwacher alkoholischer Lauge kaum angegriffen, während Camphenchlorhydrat nach kurzer Zeit bereits vollständig gespalten ist. Anderseits läßt sich aus dem Isobornylchlorid das Chlor bei einstündigem Erhitzen mit schwacher alkoholischer Lauge vollständig vertreiben, während Pinenchlorhydrat unter solchen Bedingungen fast gar nicht angegriffen wird. *Meerwein* und *van Emster* haben darauf ein maßanalytisches Verfahren begründet, den Gehalt eines Chloridpräparats an Camphenchlorhydrat, Isobornylchlorid und Pinenchlorhydrat annähernd quantitativ zu bestimmen[5]).

Die Oxydation des Camphens zu Campher wurde von *Riban* mit Chromsäure durchgeführt. Eine kritische Darstellung des Vorganges verdanken wir *Kachler* und *Spitzer*, welche das aus Campherdichlorid gewonnene Camphen nach dem Verfahren *Riban*s[6]) oxydierten; 100 Tl. Camphen wurden

---

[1]) *Reychler:* Ber. d. chem. Ges. **29**, 696.
[2]) Ber. d. chem. Ges **41**, 1092 (1908).
[3]) Ann. d. Ch. 388, 1 u. f. (1911).
[4]) *Hesse:* Ber. d. chem. Ges. **39**, 1139. [5]) L. c.
[6]) *Riban:* Bull. **24**, 19.

mit einem Chromsäuregemisch, das aus 570 Tl. Kaliumbichromat, 700 Tl. Schwefelsäure und 1420 Tl. Wasser bestand, 15 Stunden auf dem Wasserbade erwärmt. Obgleich nach 12 Stunden schon der Geruch nach Campher auftrat, war die Reaktion noch unvollständig, insbesondere, weil die Substanz durch Sublimation sich der Einwirkung des Oxydationsgemenges entzog; es wurden daher 10 g Camphen vom Schmelzp. 57 bis 58° C mit der erforderlichen Menge Chromsäure im zugeschmolzenen Glasrohr 14 Stunden auf 100 bis 105° C erhitzt; nach dem Öffnen des Rohres wurde die dunkelgrün gefärbte Flüssigkeit mit Wasser verdünnt und von dem ausgeschiedenen festen Produkte abfiltriert. Letzteres gewaschen, abgepreßt und über Schwefelsäure getrocknet, wurde fraktioniert sublimiert. Die dritte Fraktion schmolz bei 161° C und zeigte nach nochmaligem Sublimieren den Schmelzpunkt von 165° C. Sie erwies sich als Campher, dem wahrscheinlich geringe Mengen von Kohlenwasserstoffen beigemengt waren. Campher ist jedoch nicht das einzige Produkt, welches bei der Oxydation des Camphens durch Chromsäure entsteht. Neben diesem Hauptprodukt stellten *Kachler* und *Spitzer* noch das Vorhandensein von Kohlensäure, Essigsäure, Camphersäure, Camphoronsäure sowie einer krystallinischen Verbindung von der Zusammensetzung $C_{10}H_{16}O_2$ fest[1]).

Camphen kann auch unter Mitwirkung von Platinschwarz zu Campher oxydiert werden[2]).

Bestimmung des Camphens in einem Gemenge neben Camphan nach *Hesse*[3]).

Die Bestimmung des Camphens erfolgt durch Hydratation nach dem Verfahren von *Bertram* und *Walbaum*[4]) und Ermittlung der Verseifungszahl des Hydratationsproduktes (H.-Z.).

Wird die Hydratation mit dem rohen Produkt vorgenommen, so muß die Acetylzahl der beigemengten Alkohole in Rechnung gezogen werden. Wird aber die Hydratation mit den bis 170° C von den höher siedenden Alkoholen abdestillierten Kohlenwasserstoffen vorgenommen, so kann Camphan nach der Methode von *Bertram* und *Walbaum*, da hierbei Camphan unverändert bleibt, während Camphen in Isobornylacetat übergeht, dessen Menge durch die Verseifungszahl bestimmt wird, nachgewiesen und von Camphen getrennt werden. Mittels fraktionierter Destillation kann aus den ersten Anteilen das Camphan, aus den letzten das Isobornylacetat durch Umkrystallisieren der verseiften Fraktionen, und zwar des ersteren aus Alkohol, in welchem Camphan schwer, Isoborneol aber leichter löslich ist, des letzteren aus Petroläther, in welchem Camphen und Camphan leichter löslich sind als das Isoborneol, isoliert werden. Camphenäthyläther $C_{10}H_{17} \cdot OC_2H_5$. Camphen lagert, wie *Semmler* zeigte, in Gegenwart konzentrierter Säuren analog der Bildung des Isobornylacetates die Elemente des Alkohols an[5]). Zur Durch-

---

1) *Kachler* u. *Spitzer:* Ann. d. Ch. **200**, 356 u. f.
2) Compt. rend. **47**, 266; Ann. d. Ch. 1859, 367.
3) *Hesse:* Ber. d. chem. Ges. **39**, 1139.
4) Journ. f. pr. Chem. (2) **49**, 1 (1894). 5) *Semmler:* Ber. d. chem. Ges. **33**, 3420.

führung dieser Operation genügt es z. B. 7 g konzentrierte Schwefelsäure in 50 g absolutem Alkohol zu lösen und mit Camphen mehrere Stunden am Rückflußkühler zu kochen, durch Wasser fällt Camphenäthyläther als leicht flüssiges Öl aus (Siedep. ca. 200° C; D = 0,895; n_D = 1,4589). Die Ausbeute ist fast quantitativ. *Wallach* hält den Camphenäthyläther $C_{10}H_{17} \cdot OC_2H_5$ für identisch mit dem von *Bertram* und *Walbaum*[1]) aus Isoborneol und Äthylschwefelsäure erhaltenen Produkte.

Die Homologen des Camphens wurden gleichfalls synthetisch hergestellt. *Spitzer* gewann sie aus Campherdichlorid, und zwar Äthylcamphen, indem er je 30 g Campherdichlorid in der $1^1/_2$ Mol. entsprechenden Menge Jodäthyl löste und nach dem Trocknen mit Chlorcalcium in einem mit Rückflußkühler versehenen Kölbchen mit der erforderlichen Menge Natrium (auf 1 Chlorid 3 Natrium) in dünnen Scheiben versetzte. Nach 10stündigem Stehen wurde mit Äther ausgeschüttelt und nach Einengung abermals mit Natrium und Äthyljodid behandelt, schließlich auf dem Wasserbade erwärmt. Nach entsprechender Isolierung durch Äther resultierte ein Produkt, welches zwar noch Camphen, in beträchtlicher Menge aber als flüssiges zweites Produkt die Verbindung $C_{10}H_{15}C_2H_5$ enthielt. Diese bildet eine farblose, leicht bewegliche, sehr flüchtige Flüssigkeit vom Geruch des Terpentinöls [Siedep. (742,1 mm) = 197,9 bis 199,9° C].

Isobutylcamphen konnte aus Campherdichlorid mit Natrium und Isobutyljodid auf gleiche Weise gewonnen werden. Auch hier blieb Camphen unangegriffen; daneben ergab sich eine bei 225 bis 228° C siedende Flüssigkeit der Zusammensetzung $C_{10}H_{15}C_4H_9$; das Isobutylcamphen ist in den äußeren Eigenschaften dem Äthylcamphen ähnlich [Siedep. (750,4 mm) = 228 bis 229° C, Dichte (20° C) = 0,8614, es dreht die Polarisationsebene nach links][2]).

Hydrocamphen $C_{10}H_{18}$. Metallisches Natrium wirkt auf Bornylchlorid nach folgender Gleichung ein:

$$2\,C_{10}H_{17}Cl + 2\,Na = 2\,NaCl + C_{10}H_{18} + C_{10}H_{16}.$$

Zur Herstellung des Hydrocamphens lösten *Kachler* und *Spitzer* Bornylchlorid in hochsiedendem Benzol und erhitzten am Rückflußkühler mit der theoretischen Menge Natrium bis zu dessen vollständiger Umsetzung in Chlornatrium. Davon befreit, wurde das Filtrat in mit Salzsäure gesättigtem Äther aufgenommen, daraus isoliert und neuerdings mit Natrium behandelt. Erst nach sechsmaliger abwechselnder Behandlung mit Natrium und Salzsäure war das Camphen zum größten Teil in Hydrocamphen $C_{10}H_{18}$ mit der Ausbeute von 60 Proz. übergeführt. — Da es sehr leicht auch bei gewöhnlicher Temperatur sublimiert, kann es auf diese Weise vorteilhaft gereinigt werden (Schmelzp. 136 bis 140° C, Siedep. 155 bis 156° C, 157 bis 158° C).

Ganz in gleicher Weise kann das Hydrocamphen aus Campherdichlorid gewonnen werden.

---

[1]) *Bertram* u. *Walbaum:* Journ. f. pr. Ch. **49**, 1.

[2]) *Spitzer:* Ann. d. Ch. **197**, 133 (1879).

Hydrocamphen ist gegen Oxydationsmittel selbst bei höheren Temperaturen unangreifbar [1]).

Bornylen. Ein Kohlenwasserstoff $C_{10}H_{16}$ wurde von *Tschugajeff* [2]) entdeckt und durch trockene Destillation des Bornylxanthogensäureesters hergestellt. Der im Destillat sich vorfindende Kohlenwasserstoff besaß nach dem Destillieren über Natrium und dem Umkrystallisieren aus heißem Alkohol den Schmelzp. 103 bis 104° C und den Siedep. (745 mm) 149° C. Während der Xanthogensäureester in Toluollösung $(\alpha]_D = -37{,}84°$ zeigte, konnte an diesem Kohlenwasserstoff Rechtsdrehung $(\alpha]_D = +13{,}77°$ beobachtet werden. Dies war bekannt [3]), als *Wagner* und *Brickner* gelegentlich der Behandlung des Bornyljodids mit alkoholischer Kalilauge beobachteten, daß dem hierbei entstehenden Camphen eine höher schmelzende und niedriger siedende Verbindung beigemengt ist [4]). Um zu dieser Verbindung in größerer Menge zu gelangen, wurde die weingeistige Kalilauge in weit konzentrierterem Zustande angewandt und das Erhitzen in einem Autoklaven bei 170° C während 4 Stunden vorgenommen. Auf diese Weise wurden 240 g Bornyljodid, 120 g Kalihydrat und 180 g 96proz. Alkohol verarbeitet, sodann die alkoholische Lösung im Wasserbade destilliert, worauf der von den Alkoholdämpfen nicht mitgerissene Teil mittels Wasserdampfes übergetrieben wurde. Aus dem Alkoholdestillate konnte durch Zusatz von Wasser ein festes Produkt abgeschieden werden; der mit den Wasserdämpfen verflüchtigte Teil war ölhaltig. Beide Produkte, für sich fraktioniert, lieferten der Hauptsache nach ein zwischen 152 und 160° C destillierendes festes Kohlenwasserstoffgemenge (98 g) und ein zwischen 175 und 220° siedendes Öl (6,5 g), welches aus dem Äthyläther des Borneols oder Isoborneols bestand. Das feste Kohlenwasserstoffgemenge wurde 3 Stunden im geschlossenen Rohr mit 250 g Eisessig und 10 g 50proz. Schwefelsäure auf 55 bis 60° C erhitzt, um das vorhandene Camphen in Isobornylacetat überzuführen. Der nicht hierdurch angegriffene Teil konnte durch fraktionierte Destillation und Abdrücken zwischen Leinwand isoliert werden. Er stellte einen neuartigen Kohlenwasserstoff vor, welcher isomer mit Camphen ist und von *Wagner* und *Brickner* Bornylen genannt wurde.

Bornylen ist ein fester Kohlenwasserstoff, dessen Schmelzpunkt bei 97,5 bis 98° C und dessen Siedepunkt bei 149 bis 150° C (750 mm) liegt. Er sublimiert an den Gefäßwandungen in durchsichtigen, prächtig glänzenden Krystallen und ist derart flüchtig, daß kleine Quantitäten desselben, auf ein Uhrglas gestreut, augenblicklich verschwinden, ein Verhalten, welches das Arbeiten mit dieser Verbindung erschwert. Bei der Oxydation mit Kalium-

[1]) Sitzungsber. Akad. d. Wissenschaft, Wien **82**, (2), 321 u. f.

[2]) Chem.-Ztg. R. **24**, 519 (1900). Vgl. auch: *Tschugaeff* u. *Budrick:* Ann. d. Ch. **388**, 280.

[3]) Auch *Spitzer* fand in einem aus Campherdichlorid gewonnenen Camphen einen Anteil, welcher den Schmelzp. 83° C besaß. *Wagner* u. *Brickner* vermuteten, daß *Spitzer* in letzterem Produkte Bornylen unter den Händen hatte (Ann. d. Ch. **197**, 129).

[4]) *Wagner* u. *Brickner:* Ber. d. chem. Ges. **32** (2), 2121 (1900). Vgl. auch *Tschugaeff* u. *Budrick:* Ann. d. Ch. **388**, 280.

permanganat (2,5 g in Benzol gelöst, mit 7,7 g $KMnO_4$, 1 proz., 12 Stunden bei gewöhnlicher Temperatur geschüttelt) entstand aktive Camphersäure (2 g vom Schmelzp. 182° C). Daraus nach *Aschan*[1]) mittels Acetylchlorids hergestelltes Anhydrid (1,7 g) bestätigte durch den Schmelzp. 220 bis 221° C die Identität mit Camphersäure[1]).

Bornylen wurde von *Kondakow* und *Lutschinin* auch aus den ersten Anteilen des Destillates erhalten, als sie die aus Camphen mittels Chlorzinks und Eisessigs dargestellten Isobornylester destillierten[2]).

Es wurde ferner auch von *Bredt* aus β-Bornylencarbonsäure rein dargestellt und als eine außerordentlich flüchtige Substanz von folgenden Konstanten geschildert: Schmelzp. 113° C; Siedep. 146° C (740 mm); $[\alpha]_D$ in Methylalkohol = —26,96°, in Toluol = —21,69°. Es wurde mit verdünnter Kaliumpermanganatlösung zu Camphersäure oxydiert. Die Präparate von *Tschugaeff* und *Wagner* und *Brickner* können nicht als ganz rein betrachtet werden, was insbesondere auf die unvollkommene Trennungsmethode vom Camphen zurückzuführen sein dürfte[3]).

Das Isoborneol.

Montgolfier[4]) hat auf Grund seiner Beobachtungen über das optische Drehungsvermögen der Borneole, das durch Behandlung des Camphers mit alkoholischer Kalilauge oder mit Natrium entstehende Produkt als Gemisch zweier isomerer Substanzen, des „Camphol stable" und „Camphol instable", welch letzteres durch Erhitzen mit Stearinsäure in das „Camphol stable" umgewandelt wird, erkannt.

Haller[5]) hat weiter erkannt, daß das „Camphol instable", welches er mit „Isocamphol" oder „Camphol β" bezeichnete, sich durch Löslichkeit, insbesondere Flüchtigkeit und Krystallform vom gewöhnlichen Borneol, ferner dadurch unterscheide, daß es beim Erhitzen mit Eisessig auf 200° in Camphen und Wasser gespalten wird, während Borneol, das stabile Produkt, unter

---

[1]) Ber. d. chem. Ges. **27**, 2003. *Aschan* studierte die Oxydation verschiedener Camphene, indem er 25 g Camphen in 5 g Benzol löste und mit alkalischer Permanganatlösung von der Zusammensetzung 7,5 g KOH + 64 g $KMnO_4$ + 3700 ccm H_2O oxydierte. Es bildete sich in gleicher Weise Camphersäure als Hauptprodukt, während Camphenilon, Camphenglykol, Campherylsäure und wasserlösliche Säuren die Nebenprodukte bildeten (Ann. d. Ch. **383**, 39 (1911).

[2]) *Kondakow* u. *Lutschinin:* Journ. f. prakt. Chemie **65**, 224 (1902). Nach *Kondakow* (Journ. f. prakt. Chem. **67**, 280 [1903]) läßt sich aus dem Xanthogensäureester kein einheitliches Produkt regenerieren, da bei der hohen Zersetzungstemperatur ein Teil des Bornylens in Camphen übergeht, eine Tatsache, welche *Kondakow* durch Nachweis des Isobornylesters nach der Behandlung des Rohproduktes mit Chlorzink und Eisessig nachgewiesen zu haben glaubte. Demgegenüber erklärt *Tschugaeff*, die Bildung des Camphens sei auf die Esterifizierungsmethode zurückzuführen, während *Kondakow* diesen Einwand nicht gelten läßt.

[3]) Ann. d. Ch. **366**, 1909; 1. Über die Herstellung von Bornylen aus d- und l-Pinen, s. a. *Kondakow:* Chem. Zentralbl. **1**, 2089 (1910).

[4]) *Montgolfier:* Compt. rend. **83**, 341. Ann. Chim. Phys. **14**, 13.

[5]) *Haller:* Compt. rend **109**, 187, ferner Ann. Chim. Phys. (6) **27**, 417 u. f. (1892).

gleichen Bedingungen ein bei 300° C schmelzendes Acetat bildet. Läßt man die Lösung des borneolkohlensauren Natriums längere Zeit stehen, so scheidet sich zunächst freiwillig Borneol aus, welches eine an Isoborneol reichere Mutterlauge hinterläßt, die auf diese Weise bis zu reinem Isoborneol allmählich aufgearbeitet werden kann.

Wie *Bertram* und *Walbaum* zeigten, läßt sich das Camphen in das gleiche Produkt leicht und glatt umwandeln. Wird es nämlich mit einem Gemisch von Essigsäure und geringen Mengen Mineralsäuren erwärmt, so wandelt es sich in einen Ester $CH_3COOC_{10}H_{17}$ um, der beim Verseifen mit alkoholischer Kalilauge den festen Alkohol $C_{10}H_{18}O$ abscheidet[1]), welchen *Bertram* und *Walbaum* Isoborneol nannten. Oder es wird Camphen mit Ameisensäure am Rückflußkühler erhitzt; dann bildet sich, wie *Semmler* und *Mayer* fanden, Isobornylformiat in quantitativer Ausbeute[2]).

Isoborneol besitzt eine äußere große Ähnlichkeit mit dem gewöhnlichen Borneol, weicht jedoch in den physikalischen Eigenschaften und im chemischen Verhalten davon ab. *Bertram* und *Walbaum* fanden ihn übereinstimmend mit dem von den französischen Forschern beschriebenen „Camphol instable" oder „Isocamphol".

Zur Darstellung des Isoborneols erwärmten *Bertram* und *Walbaum* 100 g Camphen mit einem Gemisch von 250 g Eisessig und 10 g 50proz. H_2SO_4 einige Stunden auf 50 bis 60° C. Das anfangs geschichtete Gemisch ging bald in eine klare, farblose oder schwach rötlich gefärbte Lösung über. Nach Vollendung der Reaktion wurde durch Wasserzusatz das Isobornylacetat als Öl abgeschieden, mit Wasser gewaschen, sodann mit alkoholischer Kalilauge (50 g Ätzkali, 250 g Äthylalkohol) am Rückflußkühler verseift. Nach Vertreibung des Alkohols am Wasserbade und Versetzen des Rückstandes mit Wasser schied sich das Isoborneol als feste, krümelige Masse aus, welche durch mehrfaches Umkrystallisieren aus Petroläther gereinigt wurde[3]).

Das Isoborneol krystallisiert meist in krümligen oder dünnen, federartigen Blättchen, ist leicht löslich in Alkohol, Äther, Chloroform, Benzol usw., unlöslich in Wasser und besitzt einen dem gewöhnlichen Borneol sehr ähnlichen, aber dennoch eigenartigen Geruch.

Wesentlich vom Borneol unterschieden ist das Isoborneol durch sein außerordentlich großes Sublimationsvermögen, weshalb der Schmelzpunkt sich nur im zugeschmolzenen Capillarröhrchen bestimmen läßt und sodann bei 212° C liegt. Der Siedepunkt war wegen dieser Eigenheit nicht bestimmbar.

Den Unterschied der Lösungsverhältnisse zwischen Borneol und Isoborneol stellten *Bertram* und *Walbaum* folgendermaßen fest:

---

[1]) Vgl. hierüber und das folgende die Ausführungen von *Bertram* u. *Walbaum:* Journ. f. pr. Ch. 1894, N. F. (49), ferner D. R. P. 67 255, auch *Lafont:* Ann. Chim. Phys. (6) **15**, 172.

[2]) *Semmler* u. *Mayer:* Ber. d. chem. Ges. 1911, 2012.

[3]) Nach *Kondakow* (Literatur s. Journ. f. prakt. Ch. **66**, 479 (1902)) kann Chlorzink statt der Schwefelsäure bei der Hydratation hydroaromatischer Kohlenwasserstoffe benutzt werden.

Es löst sich ein Teil

Lösungsmittel:	Borneol		Isoborneol	
	bei		bei	
	0° C	20° C	0° C	20° C
	in Teilen		in Teilen	
Benzol	6,7—7	4—4,5	2,5—3	1,5—2
Petroläther	10—11	6	4—4,5	2,5

Eine von *Traube* vorgenommene krystallographische Untersuchung des Isoborneols und Vergleichung mit einem von *Bertram* und *Walbaum* aus Bornylacetat hergestellten reinen Borneol vom Schmelzp. 204° C [1]) ergab das nachfolgende Resultat:

Isoborneol: Schmelzp. 212°,
Krystallform: hexagonal,
a : c = 1 : 1, 41.

Beobachtete Formen (0001), ($10\bar{1}1$).

	Gemessen:	Berechnet:
$10\bar{1}1 : 0001$	58° 30′	
$10\bar{1}1 : 01\bar{1}1$	50° bis 52° 30′	51° 27′ 18″
$10\bar{1}1 : 10\bar{1}\bar{1}$	62° bis 64°	63°.

Die wasserhellen, nach 0001 dünnfatelförmigen Krystalle sind zwar auch biegsam, aber doch bedeutend spröder als die des Borneols; sie besitzen teils die Gestalt sechsseitiger Tafeln, teils die eines Paralleltrapezes, indem vier Pyramidenflächen nicht zur Entwicklung gelangt sind.

Die Reflexe sind gleichfalls sehr schlecht, die Messungen von 0001 : $10\bar{1}1$ schwanken von 57° 30′ bis 59° 30′; der Berechnung wurde das Mittel zugrunde gelegt. Die Doppelbrechung ist schwach, aber doch viel stärker als beim Borneol, so daß man an den dünntafelförmigen Krystallen im konvergenten polarisierten Lichte ein deutliches Axenbild wahrnimmt. Charakter der Doppelbrechung positiv.

Auch dünne Platten parallel $10\bar{1}0$ sind deutlich doppelbrechend. Bemerkenswert ist, daß das Axenverhältnis des Borneols doppelt so groß wie das des Isoborneols ist:

Borneol a : c = 1 : 2,83 Doppelbrechung negativ,
Isoborneol a : c = 1 : 1,41 „ positiv.

Das Isoborneol bildet einige Verbindungen, welche vom Borneol charakteristisch unterschieden sind und zumeist von *Bertram* und *Walbaum* hergestellt wurden; so konnte das Isobornylphenylurethan $CO(NHC_6H_5)(OC_{10}H_{17})$ durch längeres Stehen eines molekularen Gemisches von Isoborneol und

[1]) Vgl. *Bertram* u. *Walbaum:* Journ. f. pr. Ch. **1894**, 49.

Phenylisocyanat erhalten werden, und es zeigte sich, daß die mit Petroläther ausgekochten und aus Alkohol umkrystallisierten Kristalle, die schwer löslich in Petroläther, leichter in warmem Alkohol und in Benzol sind, sich vom Bornylphenylurethan nicht in bezug auf den Schmelzpunkt (138° bis 139° C), wohl aber bei der Verseifung mit alkoholischem Kali unterscheiden, da beide Verbindungen unter Spaltung in Anilin und Kohlensäure den Alkohol regenerieren, wobei Bornylphenylurethan Borneol vom Schmelzp. 204° C, Isobornylphenylurethan hingegen Isoborneol vom Schmelzp. 212° C (im zugeschmolzenen Rohr) ergibt.

Wie Borneol, bildet auch ein Teil Isoborneol mit zwei Teilen Choral oder Bromal erwärmt, Additionsverbindungen. Die Bromaladditionsverbindung, ein Produkt, welches nur allmählich fest wurde, aber nach einigen Tagen zu einer krystallinischen Masse erstarrte, besaß, in Petroläther gelöst und zur Entfernung überschüssigen Bromals mit warmem Wasser gewaschen, nach mehrmaligem Umkrystallisieren aus Petroläther einen Schmelzp. von 71 bis 72° C. Hingegen war das ebenso gewonnene Chloral-Isobornyl eine zähflüssige, farblose Masse, welche im Kältegemisch nicht erstarrte und sich somit charakteristisch von demjenigen des Borneols unterschied.

Die Ester des Isoborneols konnten aus dem Camphen in nahezu quantitativer Ausbeute durch Erhitzen mit den Fettsäuren und geringen Mengen Mineralsäuren dargestellt werden, aber in analoger Weise wie Borneol läßt sich Isoborneol auch durch Kochen mit Säureanhydriden oder durch Erwärmen mit organischen Säuren in Gegenwart geringer Mengen von Mineralsäuren verestern, so daß z. B. zur Herstellung des Formylesters das Erhitzen mit konzentrierter Ameisensäure genügt. Werden nach *Bertram* und *Walbaum* 50 g Isoborneol in ein auf 30° C gehaltenes Gemisch von 100 g Ameisensäure (Dichte 1,22) und 2 g Schwefelsäure eingetragen, so löst sich das Isoborneol im Säuregemisch, und es tritt nach einiger Zeit Erwärmung ein, während die Flüssigkeit eine Ölschicht abscheidet, die mit Wasser und Sodalösung gewaschen, den Ester in nahezu reinem Zustande ergibt. — Ähnlich vollzieht sich die Bildung des Acetats, wenn man die Temperatur auf 40 bis 50° C hält und zur Abscheidung des Esters, der in der überschüssigen Säure gelöst bleibt, nach vollendeter Reaktion Wasser zusetzt.

Die Ester stellen farblose Flüssigkeiten vor, welche nur im Vakuum unzersetzt destillierbar sind. Da das Acetat auch im Kältegemisch flüssig bleibt, unterscheidet es sich hierdurch wesentlich von dem bei 29° C schmelzenden Bornylacetat:

Isobornylformiat Siedep. (14 mm) = 100° C, Dichte (15° C) = 1,017,
Isobornylacetat Siedep. (13 mm) = 107° C, Dichte (15° C) = 0,9905.

Borneol und Isoborneol lassen sich durch wasserabspaltende Mittel, wie Chlorzink oder Schwefelsäure in denselben Kohlenwasserstoff, das Camphen, umwandeln. *Bertram* und *Walbaum* zeigten, daß diese Reaktion fast quantitativ vor sich gehe, wenn z. B. 300 g Isoborneol mit 150 g Benzol und 200 g frisch geschmolzenen Chlorzinks eine Stunde am Rückflußkühler zum Sieden erhitzt werden. Nach dem Waschen mit Wasser und Entfernung des Benzols hinterblieb Camphen, welches, über Natrium destilliert, bei 159 bis 160° C sott und bei 50° C schmolz. Es genügt sogar, mit verdünnter Schwefelsäure (1 H_2SO_4, 2 H_2O) zu kochen, um Camphen quantitativ zu gewinnen. Anderseits wird reines Borneol, welcher Modifikation immer, unter den gleichen Bedingungen von Chlorzink oder verdünnter Schwefelsäure angegriffen.

Die Äther des Isoborneols entstehen durch Einwirkung von Methyl- oder Äthylschwefelsäure auf Isoborneol. Werden z. B. 60 g Isoborneol, 120 g Methylalkohol und 30 g Schwefelsäure auf dem Wasserbade zum Sieden erhitzt, so tritt nach 20 bis 30 Minuten Trübung ein und die Flüssigkeit trennt sich in zwei Schichten. Der nach einstündigem Sieden durch Verdünnen mit Wasser abgesonderte Isobornylmethyläther kann durch fraktionierte Destillation gereinigt werden.

Isobornylmethyläther Siedep. (760 mm) 192 bis 193° C; (15 mm) 77° C. Dichte (15° C) 0,9265.

Isobornyläthyläther: Siedep. (760 mm) 203 bis 204° C. Dichte (15° C) = 0,907.

Reines Borneol gibt unter gleichen Bedingungen hingegen keinen Äther, wenngleich die mittels der Alkyljodide und Borneolnatrium gewonnenen Bornyläther den Isobornyläthern sehr ähnlich sind.

Methylenäther, nach *Brühl*[1]) dargestellt, Schmelzp. 167° C. Er ist äußerst leicht löslich in Petroläther, viel weniger in Alkohol, aus welch letzterem er in feinen, kammartig gruppierten Kryställchen sich ausscheidet.

Die Oxydation des Isoborneols durch Salpetersäure oder Chromsäure führt wie diejenige des Borneols zu Campher. $C_{10}H_{16}O$. — Daß dieses Oxydationsprodukt mit Laurineencampher identisch ist, wurde von *Bertram* und *Walbaum* mittels eines durch vorsichtige Oxydation des Isoborneols mit Chromsäure in Eisessig gewonnenen Produktes dargetan, dessen Schmelzp. bei 177° C, dessen Siedep. (760 mm) bei 207 bis 208° C lag. Die Einwirkung von Hydroxylamin ergab Campheroxim vom Schmelzp. 118 bis 119° C.

Die Reduktion dieses Camphers mit Natrium nach *Beckmann* in ätherischer Lösung[2]) ergab ebenso wie bei der Reduktion des Laurineencamphers ein Produkt vom Schmelzp. 205° C, das der Hauptsache nach aus dem gewöhnlichen Borneol besteht, jedoch Isoborneol beigemengt erhielt. Es läßt sich somit nach diesem Verfahren von *Bertram* und *Walbaum* Isoborneol in Borneol verwandeln. Ein anderer Weg zu dieser Umwandlung beruht auf der Beobachtung von *Wagner* und *Brickner*[3]), daß Borneol aus Isoborneol entstehe, wenn man letzteres mit Natrium in Xylollösung kocht und das gebildete Borneol aus der Natriumverbindung befreit. Nach *Schmitz* (DRP. 212 908) ist die Umlagerung des Isoborneols in Borneol jedoch unter diesen

[1]) *Brühl:* Ber. d. chem. Ges. **24**, 3378.
[2]) *Beckmann:* D. R. P. 42 458.
[3]) *Wagner* u. *Brickner:* Journ. d. russ. phys. chem. Ges. **35**, 537 (1903).

Tabelle der Eigenschaften beider Borneole[1]).

	Isoborneol	Borneol
Kristallform	hexagonal Doppelbrechung +	hexagonal Doppelbrechung —
Schmelzpunkt	212° (im zugeschm. Rohr)	203 bis 204°
Siedepunkt	unbestimmbar	212°
Löslichkeit in Benzol bei 0°	1 : 2½—3	1 : 6½—7
Löslichkeit in Benzol bei 20°	1 : 1½—2	1 : 4½
Löslichkeit in Petroläther bei 0°	1 : 4½	1 : 10—11
Löslichkeit in Petroläther bei 20°	1 : 2½	1 : 6
Phenylurethan	Schmelzp. 138° bis 139°	Schmelzp. 138 bis 139°
Chloralverbindung	flüssig } bilden mit alkohl. Kali Isoborneol zurück	Schmelzp. 55 bis 56° } bilden mit alkoholischem Kali Borneol zurück.
Bromalverbindung	Schmelzp. 72°	Schmelzp. 98 bis 99°
Ameisenester	flüssig, Siedep. 100° (14 mm)	flüssig, Siedep. 98 bis 99° (15 mm)
Essigester	flüssig, Siedep. 107° (13 mm)	kristall. Siedep. 106 bis 107° (15 mm) Schmelzp. 29°
Verhalten gegen Chlorzink oder wässerige Schwefelsäure	bildet Camphen, Siedep. 159° bis 160°, Schmelzp. 50°	bleibt unverändert
Verhalten gegen Schwefelsäure und Methylalkohol	es entsteht Isobornylmethyläther, Siedep. 192°	} bleibt unverändert
Verhalten gegen Schwefelsäure und Äthylalkohol	es entsteht Isobornyläthyläther, Siedep. 203 bis 104°	
Methylenäther	Schmelzp. 167°	Schmelzp. 167°
vom Oxydationsprodukt (Campher)	} Schmelzp. 177° Siedep. 207 bis 208°	Schmelzp. 177° Siedep. 207 bis 208°
Oxim desselben	Schmelzp. 118 bis 119°	Schmelzp. 118 bis 119°
Reduktion d. Camphers mit Na	es entsteht hauptsächlich Borneol	Es entsteht hauptsächlich Borneol

Bedingungen unvollständig, da bei 15stündigem Kochen weniger als 20 Proz. Isoborneol umgelagert werden. Das nach dem Verfahren von *Wagner* und *Brickner* erhaltene und aus Benzin krystallisierte Borneol läßt beim Behandeln mit Methylschwefelsäure und Zusatz von Wasser ein Öl (Isobornylmethyläther) ausfallen, während reines Borneol unverändert bleiben müßte[2]).

Haller fand, daß das optische Drehungsvermögen des „Isocamphols" abhängig sei von der Natur des Lösungsmittels, und *Bertram* und *Walbaum*

---

[1]) Journ. f. pr. Ch. 1894, N. F. (49), *Bertram* u. *Walbaum.*

[2]) Vgl. *Hesse:* Ber. d. chem. Ges. **39**, 1114.

beobachteten für ein Isoborneol aus dem linksdrehenden Camphen des Citronellöls folgende Veränderungen des optischen Drehungsvermögens:

Camphen: $\alpha_D = + 67°$
Isoborneol: α_D in Alkohol $= + 4{,}71°$
„ α_D in Benzol $= + 2{,}88°$.

Die optische Aktivität des Isoborneols wird nach *Bertram* und *Walbaum* sogar schon durch den Einfluß der bei der Darstellung verwendeten Schwefelsäure verändert.

Kondakow und *Lutschinin* stellten aus Camphen (Schmelzp. 49 bis 50°, Siedep. 158 bis 159° C) Isobornylester nach der bereits von *Kondakow* benützten Methode für die Darstellung von Estern tertiärer Alkohole aus der Olefinreihe her[1]), zu welchem Zwecke der Kohlenwasserstoff und die Säure mit Zinkchlorid behandelt wurde; war die Säure wenig wasserlöslich, so wurden Camphen und Säure im Molekularverhältnis, bei Wasserlöslichkeit das $1^1/_2$ bis 2fache Molekulargewicht der Säure angewandt. In jedem Falle betrug die Menge des zugesetzten Chlorzinks 20 Proz. derjenigen des Kohlenwasserstoffes. Während die Esterifizierung mit starken Säuren keine Erwärmung erforderte, da sie durch das Chlorzink bewirkt wurde, müßte beim Arbeiten mit schwächeren Säuren die Temperatur wenige Minuten auf 50° C gehalten werden, wenngleich die Reaktion auch bei längerem Stehen (höchstens bis 24 Stunden) vor sich geht und in jedem Falle theoretisch berechnete Mengen ergibt. Auf diese Weise wurden die nachfolgend beschriebenen Ester, welche durchwegs nach Baldrian riechen, dargestellt:

Isobornylformiat Siedep. 106° (19 mm)
Dichte $\frac{20°}{20°} = 1{,}0127$ $\frac{20°}{4°} = 1{,}010$
$n_D = 1{,}47164$
Molekularrefr. 50,28 (20°); 50,41 $\frac{(20°)}{4°}$

Isobornylacetat Siedep. 102° (12 mm)
Dichte $\frac{20°}{20°} = 0{,}9858$; $\frac{20°}{4°} = 0{,}9841$
$n_D = 1{,}46494$
Molekularrefr. 54,94 (20°); 55,08 $\frac{(20°)}{4°}$

Isobornylbutyrat Siedep. 132 bis 133° (19 mm)
Dichte $\frac{20°}{20°} = 0{,}9628$; $\frac{20°}{4°} = 0{,}9611$
$n_D = 1{,}46276$
Molekularrefr. 64,02 (20°); 64,14 $\frac{(20°)}{4°}$

Isobornylvalerianat Siedep. 132 bis 133° (13 mm)
Dichte $\frac{20°}{20°} = 0{,}9523$; $\frac{20°}{4°} = 0{,}9506$
$n_D = 1{,}46038$
Molekularrefr. 68,52 (20°); 68,63 $\frac{(20°)}{4°}$.

Die Halogensubstitionsprodukte des Isoborneols sind identisch mit den Halogenwasserstoffadditionsprodukten des Camphens, eine Tatsache, die schon *Reychler* feststellte[2]), als er Isobornylchlorid gewann, indem er in eine alkoholische Lösung von Isoborneol gasförmige Salzsäure einleitete; die Lösung ergab alsbald festes krystallinisches Isobornylchlorid[3]), welches, aus

[1]) *Kondakow* u. *Lutschinin:* Journ. f. prakt. Ch. **65**, 223 (1902); *Kondakow:* Bull. Soc. chim. (3) **7**, 576 (1892).

[2]) Ber. d. chem Ges. **29**, 698 u. f. (1896).

[3]) Salzsäure in eine alkoholische Lösung von Borneol eingeleitet, gibt nicht Bornylchlorid.

salzsäurehaltigem Alkohol umkrystallisiert, den Schmelzp. 150 bis 152° C zeigte, somit identisch mit Camphenhydrochlorid war.

Isobornyljodid wird nach *Wagner* und *Brickner* hergestellt, wenn reines, bei 212° C schmelzendes Isoborneol ebenso wie Borneol mit Jodwasserstoff behandelt wird; das Reaktionsprodukt in Eiswasser gegossen, ergibt ein schweres Öl und einen festen Körper, welcher sich nach kurzer Zeit ebenfalls in das schwere Öl umwandelt. Dieses scheidet mit weingeistiger Kalilauge bei Zimmertemperatur nach längerem Stehen vollständig Jodwasserstoff ab und liefert Camphen vom Siedep. 158 bis 159° C und vom Schmelzp. 49,5 bis 50,5° C[1]).

Das Chlorid des Isoborneols entsteht aber sonderbarerweise auch aus Borneol durch Einwirkung von Chlorphosphor auf diesen Alkohol, ein Umstand, der lange Zeit die richtige Stellung des Pinenhydrochlorids verhinderte, da letzteres das Chlor fester gebunden enthielt als das direkte Chlorierungsprodukt des Borneols, daher augenscheinlich davon verschieden schien. Indessen hat es sich herausgestellt, daß das Einwirkungsprodukt vom Fünffachlorphosphor auf Borneol nicht als Bornylchlorid zu betrachten ist; es ist vielmehr ein Gemenge aus viel Isobornylchlorid mit wenig Bornylchlorid, und derart zu erklären, daß die direkte Substitution des Hydroxyls durch Chlor nur in beschränktem Grade stattfindet, daß vielmehr bei dieser Reaktion hauptsächlich dem Borneol Wasser entzogen wird, worauf an das entstehende Camphen Salzsäure angelagert wird. Bei der Einwirkung von Jodwasserstoff auf Borneol erfolgt jedoch die Bildung des camphenliefernden Jodids, zum größten Teile durch Substitution. Auch das aus Borneol mittels Salzsäure darstellbare Produkt, welches von *Riban*[2]) durch Erhitzen von Borneol mit rauchender Salzsäure bei 100° C hergestellt wurde, unterscheidet sich nicht, wie dies Riban angibt, sowohl vom Pinenchlorhydrat als auch vom Camphenchlorhydrat, sondern es ist nach *Wagner* und *Brickner*[3]) nichts als ein Gemenge von Isobornylchlorid und Bornylchlorid.

Bestimmung des Gehaltes von Borneol und Isoborneol in einem Rohprodukte nach *Hesse*[4]):

Der Gehalt des Rohproduktes an Borneol und Isoborneol zusammen wird durch Bestimmung der Acetylzahl ermittelt[5]). Die Zahlen fallen zu niedrig aus, sind aber untereinander vergleichbar. Um beide Alkohole nebeneinander zu bestimmen, benützt *Hesse* den von *Bertram* und *Walbaum*[6]) ermittelten Unterschied im Verhalten von Borneol und Isoborneol gegenüber methylalkoholischer Schwefelsäure, sowie die Bestimmung der Methoxylzahl des Methylierungsproduktes. Nach *Hesse* wird zwar auch reines Borneol je nach der Dauer des Erhitzens methoxyliert, aber hierdurch wird das Resultat

[1]) *Wagner* u. *Brickner:* Ber. d. chem Ges. **32**, 2317.

[2]) *Riban:* Ann. Chim. et Phys. **5**, 380 (1875.)

[3]) *Wagner* u. *Brickner:* Ber. d. chem. Ges. **32**, 2318 u. f.

[4]) *Hesse:* Ber. d. chem. Ges. **39**, 1139.

[5]) S. *Gildemeister* u. *Hoffmann:* Die äther. Öle.

[6]) Journ. f. pr. Ch. (2) **49**, 1 (1894).

jedoch nur um 1 bis 2 Proz. beeinträchtigt, wenn die nachfolgenden Versuchsbedingungen genau eingehalten werden:

5 g des zu untersuchenden Gemisches von Borneol und Isoborneol werden mit 12,5 g einer Mischung, welche aus 20 Proz. konzentrierter Schwefelsäure und 80 Proz. reinen Methylalkohols besteht, 1 Stunde lang auf dem Wasserbade gekocht. Nun wird das Reaktionsprodukt mit ca. 60 ccm Wasser gefällt und das sich ausscheidende, je nach Gehalt an Isoborneol mehr oder weniger krystallinische Produkt mit genau gewogenen 15 g Xylol aufgenommen. Die Abscheidung der Xylollösung vom Wasser erfolgt quantitativ, wie *Hesse* ermittelt hat.

Von der zweimal mit Wasser und einmal mit Natriumdicarbonatlösung gewaschenen und mit entwässertem Natriumsulfat getrockneten Xylollösung werden je nach Gehalt an Isoborneol 1 bis $2^1/_2$ g derselben einer Methoxylbestimmung nach *Zeisel* unterworfen; das Resultat, auf Isobornylmethyläther berechnet und mit 4 multipliziert, ergibt den Gehalt des Methylierungsproduktes an Methyläther, woraus der Gehalt des ursprünglichen Gemisches an Isoborneol berechnet wird.

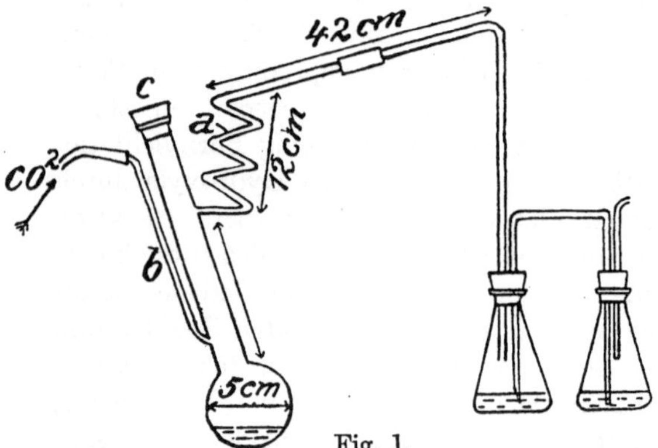

Fig. 1.

Hesse wendet zur Methoxylbestimmung folgenden, in Fig. 1 dargestellten Apparat an[1]). Durch das seitliche Ansatzrohr *b* wird Kohlensäure probeweise durch den mit Jodwasserstoffsäure beschickten und auf 120° C erhitzten Kolben und den gesamten Apparat streichen gelassen.

Sobald man sich von der Dichtigkeit des Apparates überzeugt hat und wenn sich im vorgelegten Kolben kein Niederschlag gebildet hat, wird nach Öffnung des Stopfens *c* das Röhrchen mit der Substanz in den Apparat gleiten gelassen. Zum Heizen des Kolbens wird ein Glycerinbad benützt, dessen Temperatur höchstens 120° C betragen darf. Nach einstündigem Erhitzen wird noch zwei Stunden lang Kohlensäure durch den Apparat geleitet, worauf wie üblich weiter verfahren wird. —

Hesse hat festgestellt, daß reinstes, mehrfach umkrystallisiertes und durch den Phthalsäure- oder Benzoesäureester gereinigtes, natürliches Borneol nur so viel Jodsilber gibt als der Methylierung von ca. 1 Proz. Borneol entspricht. Es ist unentschieden, ob diese Menge der Anwesenheit von Isoborneol einem anderen Alkohol oder dem Borneol selbst zuzuschreiben ist.

---

[1]) Ber. d. chem. Ges. **39**, 1142. Vgl. auch *Perkin:* Journ. chem. Soc. **83**, 1367 (1903); Chem. Zentralblatt (1) 218 u. 481 (1904). Zur Bestimmung der Alkylgruppen in äther. Ölen vgl. *Zeisel:* Monatshefte f. Chemie **6**, 989; *Benedikt u. Grüssner:* Chem. Ztg. **13**; 872, 1087; *Herzig:* Monatshefte f. Chemie **9**, 544.

Anderseits wird bei länger währender Operation auch Borneol in einen Methyläther verwandelt.

Um zu ermitteln, ob die Methylierung des Isoborneols nur dadurch stattfinde, daß infolge einer Wasserabspaltung Camphen[1]) entstehe und an dieses Methylalkohol angelagert wird, hat *Hesse* eine vergleichende Methylierung des Camphens und Isoborneols vorgenommen, welche ergab, daß Isoborneol bei Anwendung eines verdünnten Säuregemisches in der ersten Stunde so wenig angegriffen wird, daß das ausgefällte Reaktionsprodukt noch krystallinisch war. Während Camphen nach $^1/_2$ Stunde zu 42 Proz. in den Methyläther umgewandelt war, brauchte Isoborneol zum gleichen Resultate ca. 3 Stunden. Demnach kann Isoborneol durch Methoxylierung nur bei Abwesenheit von Camphen bestimmt werden. Anderseits ergibt bei möglicher Anwesenheit von Camphen eine geringe Methoxylzahl nicht die Sicherheit von vorhandenem Isoborneol. Daher müssen camphenhaltige Fraktionen vor der Bestimmung der Methoxylzahl aus Petroläther umkrystallisiert werden.

Borneol kann aber von Isoborneol, jedoch nur, wenn beide in erheblich reiner Form vorliegen, folgendermaßen unterschieden werden:

0,25 g werden mit 2 ccm einer Mischung von 20 Proz. konzentrierter Schwefelsäure und 80 Proz. Methylalkohol $^1/_4$ bis $^1/_2$ Stunde auf dem Wasserbade erhitzt; trübt sich beim Abkühlen die Flüssigkeit unter Abscheidung des flüssigen Isobornylmethyläthers, so war Isoborneol vorhanden; bleibt die Lösung klar, so war die fragliche Substanz Borneol. Wasser scheidet Isobornylmethyläther als Öl, Bornylmethyläther krystallinisch aus. Mischungen beider Alkohole zeigen ein intermediäres Verhalten.

Nach *Tschugajeff*[2]) und *Hesse* gibt reines Isoborneol mit konzentrierter, reiner Salpetersäure niemals Entwicklung roter Dämpfe, während Borneol sie in der Kälte nicht immer sofort, nach einiger Zeit aber in reicher Menge gibt; das Reaktionsprodukt mit Wasser versetzt, ergibt beim Borneol eine krystallinische, rein weiße, von Campher herrührende Fällung, beim Isoborneol aber ein dickes, anscheinend stickstoffhaltiges Öl. Gemische beider Alkohole geben mit Salpetersäure eine die Anwesenheit des Borneols kennzeichnende Entwicklung nitroser Gase und auf Wasserzusatz je nach dem Gehalt des Borneols eine mehr oder weniger krystallinische Fällung.

Isoborneol kann auch vom Borneol nach folgender Methode von *Henderson* und *Heilbronn* unterschieden werden: Die zu prüfende Substanz wird in der 10 bis 15fachen Menge Pyridin gelöst, mit der molekularen Menge p-Nitrobenzoylchlorid versetzt und einige Zeit am Wasserbade erwärmt. Nunmehr wird das Pyridin unter Eiskühlung vorsichtig mit Schwefelsäure entfernt, das entstandene p-Nitrobenzoat mit verdünnter Schwefelsäure gewaschen, getrocknet und aus Alkohol umkrystallisiert. Schmelzpunkt des Bornyl-p-nitrobenzoats = 137° C; Schmelzpunkt des Isobornyl-p-Nitrobenzoats = 129° C.[3]),

---

[1]) Ber. d. chem. Ges. **33**, 3429 (1900).

[2]) *Tschugajeff:* Chem.-Ztg. **26**, 1224 (1902).

[3]) Ber. *Schimmel & Cie.* April 1914; Proceed. chem. soc. 29, 381 (1913).

Nach der Methode *Ipatiews* kann Isoborneol mit Al_2O_3 in Camphen umgewandelt werden[1]).

Das Borneol.

Dieser gesättigte Alkohol, unter dem Namen Borneocampher bekannt, findet sich als rechtsdrehende Modifikation in den Markhöhlungen des auf Borneo, besonders aber im Norden von Sumatra wild wachsenden Baumes, Dryobalanops camphora, aus dem er nach dem Zerspalten des Stammes, durch mechanisches Auslesen gewonnen und mittels Siebens sortiert wird[2]). Borneol ist weiterhin im Rosmarin-Spik und Siam-Cardamomenöl vorhanden[3]) und dessen Entstehung aus Naturprodukten wurde bei der Behandlung des Bernsteins mit Kalihydrat[4]) oder des d-Camphers mit Kalihydrat und metallischem Natrium beobachtet[5]).

Zur Reinigung des Borneocamphers ist dessen Sublimation z. B. aus einer flachen Uhrschale mit aufgeschliffenem Trichter, dessen Spitze mit Baumwolle lose verstopft ist, oder sonst geeigneten Gefäßen, bei gelinder Temperatur empfehlenswert; er erscheint dann in blendend weißen, zu Dendriten vereinigten, oft deutlich ausgeprägten, sechsseitigen Blättchen, teilweise auch als zusammenhängende Kruste, während der Sublimationsrückstand eine geringe Menge eines dunkelbraunen, sehr spröden Harzes, welchem Pflanzenreste beigemengt sind, bildet[6]). *Kachler* fand z. B. eine Primasorte des Borneocamphers aus Borneol zu 97,7 Proz., Harz usw. zu 2,3 Proz. bestehend, und den Schmelzpunkt eines solchen Rohborneols bei 197,5 bis 198° C, den Erstarrungspunkt bei 195° C, den Siedepunkt bei 212° C.

Auch das l-Borneol kommt in Naturprodukten als Ameisenessig — Isovaleriansäureester, im ätherischen Öle der Baldrianwurzel, im Thujaöl, in der Krappwurzel, als Ngaicampher in Blumea balsamifera sehr häufig vor[7]). Insbesondere die Nadelholzöle z. B. aus Abies canadensis, Abies pectinata D. C., Picea vulgaris, Pinus pumilio enthalten, wie *Bertram* und *Walbaum* nachwiesen, erhebliche Mengen von l-Bornylacetaten[8]).

Wird l-Campher mit Natriumalkoholat auf 210° C erhitzt, so entsteht l-Borneol, während Laurineencampher, durch Natrium reduziert, stets sowohl

---

1) Siehe das Kapitel über „Campher".

2) *Kachler:* Ann. d. Ch. **197**, 86 (1879); *E. Kremers:* Ber. d. chem. Ges. April 1905, von Schimmel & Co.

3) *Gildemeister* u. *Hoffmann:* Die äther. Öle, ferner *Klimont:* Die synthet. und isolierten Aromatika.

4) *Buignet:* Ann. chim. et phys. (3) **7**, 268.

5) *Baubigny:* Zeitschr. f. Ch. **1868**, 647.

6) Ann. d. Ch. **197**, 86. Über den Borneocampher vgl. *Martius*, gesammelte Nachrichten über den Campherbaum aus Sumatra usw. Ann. d. Ch. **25**, 365 und **27**, 44; ferner *Berthelot:* Ann. d. Ch. **112**, 363; *Malig:* Ann. d. Ch. **145**, 201; *Pelouze:* Compt. rend. **11**, 365; Ann. d. Ch. **40**, 326; *Gerhardt:* Ann. chim. phys. (3) **7**, 286; Ann. d. Ch. **45**, 38.

7) Vgl. *Gerhardt:* Ann. d. Ch. **45**, 34; *Haller:* Ann. chim. phys. (6) **27**, 396; *Bruylants:* Ber. d. chem. Ges. **11**, 455; *Jeanjean:* Ann. d. Ch. **101**, 95; *Haubury:* Jahresber. f. Ch. **1874**, 537.

8) *Bertram* u. *Walbaum:* Ber. d. chem. Ges. (2) **26**, 685.

d- wie l-Borneol[1]), daneben freilich auch Isoborneol liefert. Das reine l-Borneol stimmt in den physikalischen Eigenschaften mit Ausnahme des Drehungsvermögens mit dem d-Borneol ebenso überein wie inaktives Borneol, das durch Reduktion von inaktivem Campher durch Natriumäthylat bei 210° C, sowie durch Vermischung von l- und d-Borneol entsteht[2]).

Die Reduktion des Camphers zu Borneol bietet keine wesentliche Schwierigkeit, da sie, wie *Berthelot* zeigte, schon durch Erhitzen mit alkoholischer Natronlösung in zugeschmolzenen Röhren auf 180 bis 200° C vor sich geht. Die Reinigung des durch Wasser ausgeschiedenen Borneols, insbesondere die Trennung von unangegriffenem Campher, wurde nach erfolgter Sublimation dadurch vorgenommen, daß das Gemenge während einiger Stunden mit Stearinsäure auf 200° C erhitzt wurde, wodurch sich Stearinsäurebornylester bildete, der bei der Destillation bei 160° C (da er schwerer flüchtig ist als Borneol und Campher) zurückblieb und durch Erhitzen mit Natronkalk auf 120° C zersetzt werden konnte; indessen geht diese Umwandlung des Camphers in Borneol nach den Angaben *Berthelots* selbst bei 100° C so langsam vor sich, daß nach 170 Stunden nur $^1/_8$ des Camphers umgewandelt ist und selbst bei 180° C die Ausbeute noch ungenügend erscheint[3]).

Baubigny nahm die Reduktion des Camphers mit Natrium vor, indem er das Metall auf den Campher, in Tuluol gelöst, einwirken ließ, nach vollendeter Reaktion mit Kohlensäure sättigte und mit Wasser schüttelte; aus der wässerigen Schichte schied sich Borneol ab[4]). *Kachler*, der zur Erklärung der Entstehungsweise die Bildung eines borneolkohlensauren Salzes, welches durch Wasser zersetzt wird, annahm[5]), beschrieb ein Darstellungsverfahren, welches ebenfalls Natrium als Reduktionsmittel benützt und gestattet, die Campherkohlensäure zu isolieren.

In einem mit Rückflußkühler versehenen Kolben werden 650 g Campher in 2 Litern eines über Natrium destillierten Steinkohlenbenzols gelöst und im Ölbade auf 118 bis 120° C erwärmt. Nunmehr werden 98 g Natrium

[1]) *Montgolfier:* Ann. chim. et phys. (5), **14**, 21; *Montgolfier* versuchte die verschieden drehenden Borneole durch fortgesetzte Ätherifikation und Wiederabscheidung in ein konstant rechts drehendes Borneol zu verwandeln. *Kachler:* (Ann. d. Ch. **197**, 102) gibt an, daß man bei der Darstellung des Borneols aus Campher, Natrium und Kohlensäure, die sich zuerst ausscheidenden Partien des Borneols von den später niederfallenden Mengen trennen kann; man findet dann die zuerst abgeschiedenen Anteile nach rechts, die letzten nach links drehend. *Haller* gewann aus dem bei der Reduktion des Camphers entstehenden Gemenge von rechts- und linksdrehendem Borneol das erstere rein, indem er das Reduktionsgemisch durch Erhitzen mit Eisessig oder Essigsäureanhydrid in ein Gemisch der entsprechenden Bornylacetate umwandelte und in dasselbe, unter 0° C abgekühlt, einen Kristall reinen + Bornylacetats einführte; die nunmehr ausgeschiedenen Kristalle geschmolzen und nochmals kristallisiert, ergaben reines + Bornylacetat, welches beim Verseifen reines + Borneol ergab. (Ber. d. chem. Ges. 1889, R. 575).

[2]) *Beckmann:* Journ. f. pr. Chem. **1897**, 34.

[3]) *Berthelot:* Ann. d. Chem. **1859**, 368.

[4]) Zeitschr. f. Chem. **1868**, 647. Bei dieser Art der Reduktion bilden sich sehr erhebliche Mengen von Isoborneol (vgl. die Untersuchung von *Beckmann:* Journ. f. pr. Chem. **1897**, 36).

[5]) *Kachler:* Ann. d. Ch. **164**, 75 (1872).

in Stücken von 2 g nach und nach eingetragen und, sobald sämtliches Natrium gelöst ist, wird bei derselben Temperatur ein starker Strom trockener Kohlensäure solange durchgeleitet, bis Absorption nicht mehr erfolgt. Die früher leicht bewegliche, beim Abkühlen aber zu einer steifen Gallerte erstarrte Reaktionsmasse, vorsichtig mit Wasser durchgeschüttelt, trennt sich in zwei Schichten; während die ölige Schicht rohes Borneol in konzentriertem Zustande vorstellt, enthält auch das wässerige Filtrat noch Borneol, das es, durch mehrere Tage der Ruhe überlassen, ausscheidet. Nach dem Abfiltrieren der wässerigen Schichte hinterbleibt eine Lösung, welche nebst doppeltkohlensaurem Natrium campherkohlensaures Natrium enthält und, mit Schwefelsäure behandelt, sowie alsdann mit Äther ausgeschüttelt, leicht die Campherkohlensäure zu gewinnen gestattet.

Aus 650 g Campher wurden auf diese Weise 304 g Borneol und 160 g Campherkohlensäure gewonnen, eine Ausbeute, die sich stets ergibt, wenn, wie *Kachler* ausführt, eine konstante Temperatur des Ölbades von 118 bis 120° C und vollständige Sättigung mit Kohlensäure als wesentliche Bedingung des Gelingens eingehalten wird [1]).

Auch *Brühl* führte die Reduktion des Borneols in einem indifferenten Lösungsmittel, als welches er Äther wählte und zu deren Durchführung er Kohlensäure benützte, aus: In einem mit Kühler versehenen Gefäße waren in 1 bis $1^1/_2$ Liter absoluten Äthers 46 g haarfeiner Natriumdraht verteilt, worauf 228 g d-Campher in nußgroßen Stücken auf einmal zugesetzt und sofort trockene Kohlensäure durchgeleitet wurde. Da das Natrium unter Erwärmen und Sieden des Äthers aufgezehrt wurde, ist für Kühlung Sorge zu tragen; es schied sich alsbald ein weißer Niederschlag ab, dessen Menge sich nach einstündiger Reaktionsdauer gewöhnlich nicht weiter vermehrt. Nunmehr wurde zum Kolbeninhalt 1 kg zerstoßenes Eis gefügt, und die ätherische Lösung, welche beim Verdunsten (bei richtigem Arbeiten) keinen Rückstand von unangegriffenem Campher hinterlassen soll, rasch abgetrennt. Die borneolkohlensaures Natrium enthaltende, wässerige Lösung schied alsbald farbloses B o r n e o l in Tafeln aus, die aus Ligroin krystallisiert, den Schmelzp. 204° C zeigten [2]). Eine Aufklärung des Reduktionsprozesses in einem indifferenten Lösungsmittel verdanken wir *Beckmann*, welcher zeigte, daß zur vollständigen Reduktion des Camphers zu Borneol in Äther oder einem indifferenten Lösungsmittel wiederholte Behandlung mit Natrium erforderlich sei, da ein Teil des Camphers in Camphernatrium umgesetzt wird

$$\underset{\text{Campher}}{2\,C_{10}H_{16}O} + Na_2 = \underset{\text{Camphernatrium}}{C_{10}H_{15}NaO} + \underset{\text{Natriumbornylat}}{C_{10}H_{17}NaO}$$

---

[1]) *Kachler:* Ann. d. Ch. **197**, 99.

[2]) Ber. d. chem. Ges. **24**, 3384. Wird die so behandelte und filtrierte wässerige Lösung nunmehr mit H_2SO_4 versetzt, so scheidet sich unter Entwicklung von CO_2 C a m p h e r - c a r b o n s ä u r e ($C_{10}H_{17}O \cdot CO_2H$) aus. Zur Durchführung der Reduktion ist die Kohlensäure nicht unbedingt erforderlich. Die Reaktion erfolgt in allen indifferenten Lösungsmitteln langsamer, aber stets im Verhältnis von 1 Mol. Na zu 1 Mol. Campher. Unter diesen Umständen bildet sich auch stets C a m p h e r p i n a k o n, welches mit H_2O-Dämpfen weniger flüchtig ist als Campher. Vgl. *Beckmann:* Ber. d. chem. Ges. **21** (1888), R. 320 und Journ. f. pr. Chemie **1897**, 36.

und bei nachfolgender Behandlung mit Wasser, sich Campher zurückbildet[1]:

$$C_{10}H_{15}NaO + C_{10}H_{17}NaO + 2\,H_2O = \underset{\text{(Campher)}}{C_{10}H_{16}O} + \underset{\text{(Borneol)}}{C_{10}H_{18}O} + 2\,NaOH$$

Die Umstände, unter welchem man bei der Reduktion mit Natrium in alkoholischer Lösung zu reinem Borneol gelangt, wurden von *Immendorf*[2]) gelegentlich der Prüfung eines von *Jackson* und *Menke* ausgearbeiteten Verfahrens ermittelt; das Endprodukt ist nämlich wesentlich von der Menge des angewandten Natriums derart abhängig, daß bei Anwendung der doppelt theoretisch nötigen Menge an Natrium selbst nach vorhergegangener Reinigung durch Sublimieren oder Umkrystallisieren ein Borneol hervorgeht, welches beträchtlich mit Campher verunreinigt ist, während man zu einem reinen, scharf schmelzenden Borneol (199 bis 200° C) gelangt, wenn man einen im 10fachen Gewicht Alkohol gelösten Campher mit dem gleichen Gewicht (dem 3½fachen der theoretischen Menge) Natrium bis zu dessen Lösung behandelt. Bei dieser Art Darstellung erfolgt die Reduktion durch den aus dem Alkohol mittels Natrium entwickelten Wasserstoff entsprechend der Gleichung:

$$C_{10}H_{16}O + H_2 = C_{10}H_{18}O\,.$$

Dementsprechend wurde auch von *Wallach* für die Reduktion des Camphers zu Borneol der folgende Vorgang eingehalten:

50 g Campher in 500 ccm 96 proz. Alkohol gelöst, wurden in einem Kolben, dessen Rückflußkühler mit weitem Kühlrohr versehen war, nach und nach mit 60 g kleingeschnittenem Natrium versetzt. Die etwa eine Stunde währende Operation, bei welcher nicht gekühlt wurde, erfuhr schließlich durch Hinzufügen von etwa 50 ccm Wasser unter Umschütteln des Kolbeninhaltes behufs Auflösung der letzten Quantitäten Natrium eine Beschleunigung; nun wurde das Produkt in 3 bis 4 Liter kaltes Wasser gegossen, worauf das ausgeschiedene Borneol durch Kollieren und Waschen mit Wasser vom anhaftenden Alkali befreit und durch Trocknen auf ungebranntem Ton und Umkrystallisieren aus leicht siedendem Petroläther in meist tafelförmig ausgebildeten Krystallen vom Schmelzp. 206 bis 207° C erhalten wurde[3]).

Allein auch das auf diese Weise gewonnene Borneol ist keineswegs chemisch rein, da *Bertram* und *Walbaum* experimentell nachwiesen, daß in dem durch Reduktion des Camphers entstehenden Borneol vom Schmelzp. 206 bis 207° C stets ein Gemenge von Borneol und Isoborneol vorliege; um es zu zerlegen, stellten sie daraus den Essigester her, ließen ihn im Kältegemisch krystallisieren und trennten die festen von den flüssigen Anteilen durch Absaugen. Der feste Anteil, etwa 60 Proz. betragend, besteht aus Bornylacetat. Der flüssige Anteil wurde verseift, worauf der ausgeschiedene Alkohol, aus Petroläther fraktioniert, umkrystallisiert wurde und schließlich Isoborneol

---

1) D. R. P. 42 458 vom 27. III. 1887.

2) *Immendorf:* Ber. d. chem Ges. **17**, 1038 (1884).

3) Nach *Wallach* soll man bei der Bestimmung des Borneolschmelzpunktes darauf achten, daß nicht zu wenig Substanz im Kapillarröhrchen enthalten sei, da das Borneol sich vor dem Schmelzen sehr lebhaft verflüchtigt. (Ann. d. Ch. **230**, 225 [1885])

vom Schmelzp. 207 bis 208° (im offenen Rohr) lieferte. Eine andere Methode der Trennung beruht darauf, daß Reduktionsborneol, der Einwirkung von Zinkchlorid in einer Lösung von Benzol ausgesetzt, Isoborneol als Camphen, Borneol unverändert zurückläßt [1]). Auch durch Erwärmen des Handelsborneols mit alkoholischer Schwefelsäure, z. B. 20 Teilen Borneol, 40 Teilen Alkohol und 20 Teilen H_2SO_4, läßt sich die Trennung beider Borneole bewirken. Man erhält nach dem Ausscheiden durch Wasser ein Reaktionsprodukt von teigartiger Konsistenz, welches beim Absaugen eine ölige Substanz von den Eigenschaften des Isobronyläthyläthers ergibt. Der Rückstand stellt reines Borneol vom Schmelzp. 203 bis 204° C vor. Demnach sind *Bertram* und *Walbaum* der Ansicht, daß das sogenannte Handelsborneol aus 80 Proz. Borneol und 20 Proz. Isoborneol bestehe.

Beckmann hat die Methode *Wallachs* dahin modifiziert, daß er den 96 proz. Alkohol durch absoluten ersetzte; er erhielt bei einmaliger Reduktion ein Produkt vom Schmelzp. 203 bis 206°, $[\alpha]_D = +21{,}3°$ entsprechend 22,4 Proz. Isoborneol, nach zweimaliger Reduktion ein Produkt mit Schmelzp. 203 bis 206° C, $[\alpha]_D = +25{,}4°$, entsprechend 16,6 Proz. Isoborneol. Er ersetzte weiter den Äthylalkohol durch Amylalkohol, indem er 20 Teile Campher in 100 Teilen davon löste, und während $1^1/_2$stündigen Siedens 10 Teile Natrium eintrug; das Produkt zeigte Schmelzp. 203 bis 204°, $[\alpha]_D = +23{,}7°$, entsprechend einem Gehalt von 19 Proz. Isoborneol. Die Reduktion gelingt auch bei Anwendung von Phenol als Lösungsmittel, wobei ebenfalls sehr erhebliche Mengen von Isoborneol sich bilden. Benützt man indifferente Lösungsmittel, so erfolgt die Reduktion weit langsamer, und es ist zur vollständigen Umsetzung z. B. in siedendem Äther wiederholte Behandlung mit Natrium erforderlich, wobei letzteres auf das Gemenge von Campher und Borneol nach folgender Gleichung reagiert:

$$C_{10}H_{18}O + C_{10}H_{16}O + 2\,Na = 2\,C_{10}H_{17}ONa\,.$$

Auch in diesem Falle entsteht Isoborneol, und zwar in größerer Menge als bei Anwendung alkoholischer Lösungsmittel [2]).

Ganz reines Borneol zu gewinnen ist daher, wie *Bertram* und *Walbaum* zeigten, nur möglich, wenn man dieses aus seinem krystallisierten Essigsäureester darstellt, indem man ein durch Reduktion des Camphers gewonnenes Borneol vom Schmelzp. 206 bis 207° C durch Kochen mit Essigsäureanhydrid oder durch Erwärmen mit Essigsäure in Gegenwart von Mineralsäuren in das Acetat umwandelt und nach dem Erstarren im Kältegemisch es durch Umkrystallisieren aus Petroläther reinigt; so dargestelltes Bornylacetat schmilzt im reinen Zustande bei 29° C und scheidet, mit alkoholischem Kali verseift, ein Borneol ab, welches aus Petroläther umkrystallisiert, bei 203 bis 204° C schmilzt, bei 212° C siedet und in Benzol, Petroläther usw. schwerer löslich ist als Isoborneol; Alkohol besitzt für beide Isomere gleichartiges Lösungsvermögen [3]).

---

[1]) *Bertram* u. *Walbaum:* Journ. f. pr. Chemie 1894, N. F. 49.

[2]) *Beckmann:* Journ. f. prakt. Chemie **1897**, 36.

[3]) Journal f. prakt. Chemie 1894, Neue Folge **49**.

Die krystallographischen Verhältnisse des Borneols stellte *Traube* folgendermaßen fest[1]):

Krystallform: hexagonal.

a : c = 1 : 2,83.

Beobachtete Formen: (0001), (10$\bar{1}$1), (10$\bar{1}$0).

	Gemessen:	Berechnet:
1011 : 0001	73°	—
1011 : 10$\bar{1}$0	17 bis 18°	17°
1011 : 01$\bar{1}$1	67 bis 69°	68° 14′ 44″
1011 : 10$\bar{1}\bar{1}$	32°, 30 bis 34°	33°.

Die wasserhellen, nach 0001 dünntafelförmigen Krystalle sind sehr biegsam und geben sehr mangelhafte Reflexe. Bei der Messung des Winkels 10$\bar{1}$1 : 0001, welcher der Berechnung des Axenverhältnisses zugrunde gelegt wurde, wurden sehr schwankende Resultate erhalten, von 72 bis 74°; es ist daher das Mittel 73° für die Berechnung benutzt worden. (10$\bar{1}$1) fehlt sehr häufig. Im konvergenten Licht kann man im Polarisationsinstrument bei den höchstens 0,5 mm dicken Krystallen kein Axenbild erkennen; selbst wenn man mehrere Krystalltafeln bis zur Dicke von 0,4 cm übereinander schichtet, ist es kaum wahrnehmbar. Es rührt dies daher, daß die Doppelbrechung ungemein schwach, fast gleich 0 ist. In 0,5 mm dicken Platten parallel 10$\bar{1}$0 kann man nur mit Hilfe eines empfindlichen Gipsblättchens die Doppelbrechung konstatieren, ihr Charakter ist negativ, in dickeren Platten parallel 10$\bar{1}$0 ist sie auch ohne Gipsblättchen, wenn auch sehr undeutlich, zu erkennen. Deutliche Ätzfiguren waren nicht zu erhalten. Das gleiche krystallographische und optische Verhalten zeigen auch die Krystalle des gewöhnlichen Borneols. Die so sehr schwache Doppelbrechung ist der Grund, daß das Borneol früher für regulär gehalten wurde[2]). Zirkularpolarisation konnte nicht beobachtet werden.

Die Einwirkungsprodukte von Halogen und Halogenverbindungen auf Borneol gehören teils der Bornylreihe, teils der Isobornylreihe an. Außerdem kann das Borneol mit Halogenwasserstoff sehr labile Verbindungen eingehen. So bildet z. B. das Borneol beim Zusammenbringen mit Brom ein Bromid von der Zusammensetzung $C_{10}H_{18}O \cdot Br_2$, dem wechselnde Mengen einer Verbindung $(C_{10}H_{18}O)_2 \cdot Br_2$ beigemengt sind. Werden nach *Wallach* 5 g Borneol in 60 ccm kaltem Petroläther gelöst, mit 5 g Brom versetzt, so erfüllt sich schon nach wenigen Augenblicken das Gefäß mit schönen, gelbroten Krystallblättern oder Nadeln, welche derart unbeständig sind, daß schon beim Abpressen derselben eine Zersetzung stattfindet. Daß dieses Borneolbromid aus einer losen Molekularverbindung von Borneol mit Brom bestehe, folgert *Wallach*, abgesehen von der Farbe, aus dem Verhalten des Produktes gegenüber wässeriger Kalilauge und Alkohol, da nämlich durch Einwirkung dieser Agentien Borneol zurückgebildet wird und durch die oxydierende

[1]) Ibid.

[2]) Vgl. *Descloizeaux:* Compt. rend. **70**, 1209 (1870).

Wirkung des Broms außerdem Campher entsteht. Schon beim Aufbewahren des Borneolbromids in verschlossenen Gefäßen, selbst wenn dieses mit Petroläther überschichtet wird, zerfallen die Krystalle allmählich und unter Abnahme der roten Farbe und Abspaltung von BrH geht das ursprüngliche Produkt in ein schweres, weißes Krystallpulver über, welches eine Verbindung von Borneol mit Bromwasserstoff vorstellt und schon durch Übergießen mit Alkohol reines Borneol regeneriert. Dieselbe Verbindung entsteht, wenn in eine petrolätherische Lösung von Borneol gasförmige Bromwasserstoffsäure eingeleitet wird; sie stellt eine Verbindung von zwei Molekülen Borneol mit einem Molekül Bromwasserstoff von der Formel $(C_{10}H_{18}O)_2HBr$[1]) vor und während Chlorwasserstoff unter diesen Umständen nicht in der gleichen Weise reagiert, vermag gasförmiger Jodwasserstoff, in eine petrolätherische Lösung von Borneol eingeleitet, die entsprechende Jodverbindung $(C_{10}H_{18}O)_2 \cdot HJ$, ein derbes Krystallmehl, welches, ursprünglich farblos, sich im Licht und an der Luft gelb färbt und sich auch beim Aufbewahren in geschlossenen Gefäßen leicht vollkommen zersetzt, zu erzeugen.

Derivate der Bornylreihe entstehen auch, wenn dieser Alkohol mit Halogenwasserstoff unter Druck erhitzt wird.

So beschreibt *Berthelot*[2]) die Darstellung des Bornylchlorids durch 8- bis 10stündiges Erhitzen von Borneol mit der 8- bis 10fachen Menge kalt gesättigter Salzsäure im geschlossenen Rohr auf 100° C und erklärte das gereinigte und aus Alkohol umkrystallisierte Produkt seinem Aussehen, der Krystallisation, dem Geruche und allen physikalischen Eigenschaften zufolge als übereinstimmend mit dem Pinenchlorhydrat. In analoger Weise verläuft die Einwirkung von Bromwasserstoffsäure auf Borneol, da dieses mit rauchender Bromwasserstoffsäure im zugeschmolzenen Rohr, durch 8 bis 10 Stunden auf 100° C erhitzt, eine braungefärbte blätterige Masse liefert, welche nach dem Abpressen und Umkrystallisieren aus Alkohol Bornylbromid $C_{10}H_{17}Br$ vom Schmelzp. 74 bis 75° C vorstellt[3]). Jodwasserstoffsäure reagiert unter gleichen Umständen weniger günstig, da sie, mit Borneol im geschlossenen Rohre erhitzt, dunkelbraune, zähe, undefinierbare Massen liefert. Indessen gelangt man nach *Wagner* und *Brickner*[4]) zum Bornyljodid, wenn Borneol in Portionen von 50 g, mit wenig Wasser benetzt, bei der Temperatur des siedenden Wasserbades mit gasförmigem Jodwasserstoff gesättigt wird; es resultiert ein schweres, dunkelbraunes Öl, welches nach dem Eingießen in Eiswasser, mit wässeriger Kalilauge vorgereinigt, sodann 10 Stunden mit alkoholischer Kalilauge am Rückflußkühler im Wasserbade erhitzt, ein Gemenge zweier Jodüre vorstellt, welche bei der Behandlung mit Lauge neben Camphen einen flüssigen Kohlenwasserstoff ergeben. Wird jedoch das rohe, aus Borneol und Jodwasserstoff gewonnene Produkt direkt nach dem Waschen 30 Stunden mit überschüssiger, weingeistiger Kalilauge erhitzt und sodann das unangegriffene,

[1]) *Wallach:* Ann. d. Ch. **230**, 226 (1885).

[2]) *Berthelot:* Ann. d. Ch. **112**, 366 (1859).

[3]) *Kachler:* Ann. d. Ch. **197**, 98.

[4]) *Wagner* u. *Brickner:* Ber. d. chem. Ges. **32**, 2317.

schwere Öl im Vakuum fraktioniert, so resultiert ein Jodür von derselben Zusammensetzung und den gleichen Eigenschaften wie Pinenjodhydrat und wird wie dieses von weingeistiger Kalilauge im Wasserbade nur langsam angegriffen; es liefert dabei aber ein Camphen, welches bei 64 bis 65° C schmilzt und zwischen 154 bis 158° C siedet, sich somit durch diese Konstanten vom gewöhnlichen Camphen und auch dadurch unterscheidet, daß es durch Silbernitrat in alkoholischer Lösung zerlegt wird, wobei das Jod ebenso quantitativ abgespalten wird wie durch Silbernitrat und Essigsäure. Übrigens halten *Wagner* und *Brickner* die Schmelzpunkte der Jodüre, da sie im Vergleich zu jenen des Pinenchlorhydrats und Pinenbromhydrats überhaupt zu niedrig sind, nicht für richtig, weil sich wahrscheinlich während der Reinigungsoperationen Isobornyläthyläther bildet, der durch fraktionierte Destillation sich nicht vollkommen entfernen läßt.

Derivate, welche nicht der Bornylreihe angehören, entstehen durch Einwirkung von Phosphorhalogenid auf Borneol. Schon wenn dieses mit Phosphorchlorid in nur molekularen Verhältnissen zusammengebracht wird, vollzieht sich zwar unter starker Erwärmung und stürmischer Salzsäureentwicklung eine Reaktion, allein ein Teil des gebildeten Bornylchlorids wird weiter unter Bildung einer öligen Verbindung zersetzt. *Kachler*[1]) mußte daher zur anderthalbfachen Menge Phosphorpentachlorid, welche nach der Gleichung $C_{10}H_{18}O + PCl_5 = C_{10}H_{17}Cl + POCl_3 + HCl$ erforderlich ist, unter Vorsichtsmaßregeln[2]) die berechnete Menge Borneol zusetzen; nach ein bis zwei Tagen schied sich nach dem Eingießen in Wasser eine weiße, wachsartige Masse ab, welche, abgepreßt, einen mattweißen, wachsartigen Kuchen von durchdringendem, an Campher und Terpentinöl erinnernden Geruch vorstellte. Von beigemengten Verunreinigungen durch Lösung in wenig absolutem Alkohol und reinem Äther in der Kälte abfiltriert, zeigte die Masse beim freiwilligen Verdunsten eine farblose salmiakähnliche Krystallisation (50 g Borneol lieferten 49 g rohes und 40 g gereinigtes Endprodukt). Hervorzuheben ist, daß das so dargestellte Präparat nach *Kachler* durch unterchlorige Säure leicht in Campher umgesetzt wird.

$$C_{10}H_{17}Cl + HClO = C_{10}H_{16}O + 2\ HCl$$

Ganz ähnlich der *Kachler*schen Arbeitsweise ist die Vorschrift *Wallachs*[3]). Zu 60 g (1 Mol.) Phosphorpentachlorid, welche sich in einem mit Schwefelsäureverschluß versehenen Kolben befinden, werden 80 ccm eines bei Wasserbadtemperatur destillierenden Petroläthers zugefügt. Nachdem man den Kolbenverschluß vorübergehend gelüftet, werden 45 g (1 Mol.) Borneol in Partien von 5 bis 8 g derart eingetragen, daß der Zusatz neuer Partien immer erst nach der Vollendung der lebhaft einsetzenden Salzsäureentwicklung

[1]) *J. Kachler:* Ann. d. Ch. **197**, 91/93.

[2]) Dieses Chlorid ist in der Wärme sehr unbeständig; daher soll schon aus diesem Grunde bei der Darstellung gekühlt werden. Beim Erwärmen über den Schmelzpunkt spaltet sich Chlorwasserstoff ab, so daß *Kachler* auf Grund der leichten Zersetzlichkeit diese Verbindung als isomer, keineswegs aber identisch mit Pinenhydrochlorid ansah.

[3]) *Wallach:* Ann. d. Ch. **230**, 231.

erfolgt. Nach Vollendung der Reaktion wird die klare Flüssigkeit von den geringen Mengen nicht verbrauchten Chlorphosphors in einen Scheidetrichter abgegossen, welcher zur Hälfte mit kaltem Wasser gefüllt ist, und unter entsprechenden Vorsichtsmaßregeln kräftig durchgeschüttelt. Während die Phosphorverbindungen zerstört werden und mit der Salzsäure vom Wasser aufgenommen werden, bleibt das entstandene Bornylchlorid im Petroläther gelöst. Um die letzte Spur der Phosphorverbindungen zu entfernen, empfiehlt es sich, den Äther zuletzt mit einigen Kubikzentimetern Alkohol durchzuschütteln und letzteren durch Wasser wieder zu entfernen. Die petrolätherische Lösung wird nunmehr gewaschen und in einer flachen Schale der freiwilligen Verdunstung überlassen, da Anwendung von Wärme wegen der Flüchtigkeit des Bornylchlorids vermieden werden soll. Das Bornylchlorid, dessen Ausbeute etwa das gleiche Gewicht wie das angewandte Borneol beträgt, riecht campherähnlich, ist leicht löslich in Petroläther, weniger löslich in Alkohol, und krystallisiert aus letzterem in fadenförmigen Krystallen. Ebenso wie *Kachler* nimmt auch *Wallach* an, daß das aus Phosphorchlorid bereitete Bornylchlorid trotz großer äußerer Ähnlichkeit vom Pinenhydrochlorid vollkommen verschieden sei und begründet diese Annahme ebenfalls mit der größeren Zersetzlichkeit des Bornylderivates.

Die Einwirkung von Salpetersäure auf Borneol führt zu Campher, wie schon *Pelouze* zeigte. Die Operation geht vor sich, wenn Borneol mit gewöhnlicher Salpetersäure in einem Kolben übergossen wird; es findet alsbald eine heftige Reaktion unter Entwicklung roter Dämpfe statt, und es scheidet sich ein anfangs grünes Öl ab, dessen Farbe später hellgelb wird. Sobald keine roten Dämpfe mehr entweichen, wird das Reaktionsprodukt in Wasser gegossen, worauf sich der Campher als weiße, bröckelige Masse ausscheidet[1]). Wirkt die Salpetersäure weiter ein, so bildeten sich nebst Camphersäure die tiefer greifenden Oxydationsprodukte des Camphers. Das optische Drehungsvermögen des Camphers stimmt im allgemeinen mit demjenigen des Ausgangsproduktes überein. So z. B. gibt l-Borneol, mit Salpetersäure oxydiert, l-Campher vom Schmelzp. 208,8° C und $[\alpha]_D = -37,77°$ [2]). Aber auch unterchlorige Säure, direkt auf Borneol einwirkend, führt zu Campher, eine Beobachtung, die wir *Kachler* verdanken[3]).

$$C_{10}H_{18}O + HClO = C_{10}H_{16}O + HCl + H_2O .$$

Borneol geht durch Kupfer bei 300° C fast quantitativ in Campher über[4]). Wird es mit Phosphorpentoxyd behandelt, so zerfällt es nach der Gleichung:

$$C_{10}H_{18}O = H_2O + C_{10}H_{16}$$

in Wasser und Camphen, eine Erscheinung, die es erklärt, daß durch die Einwirkung von Phosphorchlorid auf Borneol Isobornylverbindungen entstehen, welche das intermediär entstandene Camphen vermittelt. — Hingegen geht

[1]) Vgl. auch *Kachler:* Ann. d. Ch. **197**, 91 (1879).
[2]) *Haller:* Jahresber. f. Ch. 1886, 1666.
[3]) *Kachler:* Ann. d. Ch. **164**, 77 (1872).
[4]) Engl. P. 17 573 ex 1906; *Aloy* u. *Brustier:* Bull. Soc. chim. (4) **9**, 733 (1911).

Borneol nach der Methode *Ipatiews* (siehe b. Campher) mit Al_2O_3, bei 350 bis 360° C behandelt, in Campher über, mit Tonerde und Kupferoxyd gemeinsam behandelt, liefert es ein Gemenge von festem und flüssigem Camphen.

Die Einwirkung organischer Säuren auf Borneol führt, wie *Berthelot* zeigte, zu Bornylestern; es genügt, Borneol mit organischen Säuren mehrstündig auf 200° zu erhitzen, die unverbundene Säure sodann durch Alkali und das unverbundene Borneol durch Destillation bei 150° C zu verflüchtigen[1]). So gewann *Berthelot* Bornylstearinsäureester als zähflüssiges, geruchloses Öl, das nach einiger Zeit krystallinisch erstarrte und Bornylbenzoesäureester als geruch- und farbloses, flüssigbleibendes Öl[2]).

Bouchardat und *Lafont* stellten fest, daß zur Herstellung des Bornylesters Borneol nicht erforderlich sei, da französisches Terpentinöl in Berührung mit 3 Vol. Eisessig in der Kälte sich in Bornylacetat umwandelt; die gleiche Reaktion erfolgt rascher, wenn 1 Teil Terpentinöl mit 2 Teilen Essigsäure 64 Stunden im geschlossenen Rohre auf 100° C erhitzt wird, und ein Bornylformiat entsteht schon bei mehrwöchigem Stehen von Terpentinöl mit krystallisierter Ameisensäure[3]). Die Angaben von *Bouchardat* und *Lafont*, nach welchen inaktives Bornylacetat durch Erhitzen von l-Camphen mit Eisessig auf 150° C erhalten werden (Schmelzp. 185,5 bis 190°, Siedep. 208 bis 211°)[4]) und von *Lafont*, daß sich bei 30tägigem Stehen von 2 Teilen Camphen mit 1 Teil absoluter Ameisensäure Bornylformiat $C_{10}H_{17}COOH$ bilde[5]), beziehen sich auf Isobornylderivate.

Die Bornyl- und Isobornylester besitzen deshalb technische Wichtigkeit, weil sie Bestandteile vieler ätherischer Öle sind und zu deren künstlichem Aufbau oder zu pharmaceutischen Zwecken verwendet werden können, zu welchen die ätherischen Öle eben wegen ihres Gehaltes an diesen Estern nützlich geworden sind. So enthält das Baldrianöl nach *Bruylants* nicht nur Bornylacetat, sondern auch Bornylformiat und Isovalerianat, nach *Gildemeister* und *Hoffmann* ferner das l-Bornylbutyrat, und zwar in einem solchen Mengenverhältnis, daß, wie *Gerock* darlegt, ca. 9,5 Proz. des Öles aus Baldriansäureestern und ca. 1 Proz. aus den übrigen Estern des l-Borneols besteht[6]). Nach den Untersuchungen von *Bertram* und *Walbaum*[7]) besteht das Edeltannenöl von Abies pectinata D. C. aus Links-Pinen, Links-Limonen, Sesquiterpenen und aus Links-Bornylacetat (4,5 Proz.); das Tannenzapfenöl von Abies pectinata D. C. enthält neben viel Links-Pinen und Links-Limonen nur ca. 0,5 Proz. Bornylacetat. Das kanadische Tannenöl (Spruce oil) von Abies canadensis L. enthält so viel Links-Bornylacetat (30 Proz.), daß letzteres im Vakuum direkt abdestilliert werden kann; daneben auch Links-Pinen und Sesquiterpen. Auch das Fichtennadelöl von Picea vulgaris enthält neben Links-Pinen, Links-Phellandren, Sesquiterpen und Dipenten 8,3 Proz. Links-Bornylacetat.

---

1) *Berthelot:* Ann. d. Ch. 1859, 364. 2) *Berthelot:* Jahresber. f. Ch. 1858, 419.
3) *Bouchardat* u. *Lafont:* Ann. de chim. (6) **15**, 166, 185; **16**, 242.
4) *Lafont:* Ann. de chim. (6) **9**, 509. 5) *Lafont:* ibid. **15**, 167.
6) Vgl. *Gildemeister* u. *Hoffmann:* Die äther. Öle.
7) *Bertram* u. *Walbaum:* Arch. d. Pharm. **231**, 290 u. f.

In dem in Österreich, Ungarn und Bayern gewonnenen Latschenkiefernöl von Pinus pumilio Haenke wurden 5 Proz. Links-Bornylacetat, außerdem Links-Pinen, Links-Phellandren, Sylvestren und Sesquiterpen gefunden. Schwedisches Kiefernadelöl von Pinus silvestris L. enthält neben Pinen und Sylvestren 3,5 Proz. Bornylacetat. Deutsches Kiefernadelöl von Pinus silvestris L. enthält neben Rechts-Pinen, Rechts-Sylvestren und Sesquiterpen einen Essigsäureester, der wahrscheinlich nichts anderes als Bornylacetat ist. Die künstlich hergestellten Acetate des Links- und Rechtsborneols krystallisieren schön und besitzen einen Schmelzpunkt von 29° C.

Ganz allgemein werden die Ester durch Erhitzen des Borneols mit organischen Säuren auf höhere Temperatur oder mit Säureanhydriden auf 100° C hergestellt.

So erhitzte *Haller*, um die Bornylessigsäureester herzustellen, verschieden drehende Borneole mit Eisessig auf 200° C oder mit Essigsäureanhydrid auf 100° C[1]). Die Eigenschaften dieser Ester gibt die nachfolgende Tabelle wieder:

Bornylformiat: Siedep. (760 mm) = 225 bis 230°; (15 mm) = 98 bis 99° C; (15 mm) = 97°. Dichte (15°) = 1,017; $\frac{20°}{(4°)}$ = 1,0058.

Bornylacetat: Schmelzp. 29° C; Siedep. (760 mm) = 221° C; (15 mm) = 106 bis 107° C. Dichte (15°) = 0,991; $\frac{20°}{(4°)}$ = 0,9855.

Bornylpropionat: Siedep. (15 mm) = 118° C. Dichte $\frac{20°}{(4°)}$ = 0,9717.

Bornylbutyrat: Siedep. (15 mm) = 128° C. Dichte $\frac{20°}{(4°)}$ = 0,9611.

Bornylvalerianat: Siedep. (15 mm) = 139° C. Dichte $\frac{20°}{(4°)}$ =0,9533.

Bornylisovalerianat: Siedep. (760 mm) = 255 bis 266° C.

Bornylstearat: Zähflüssiges Öl, nach und nach krystallinisch erstarrend.

Es sei hervorgehoben, daß sich Bornylacetat zu Campher oxydieren läßt[2]). Ferner stellte *Haller* Bornylbenzoesäureester her, welche als optisch aktive Formen den Schmelzp. 25,5° C, optisch inaktiv den Schmelzp. 20,0° B besaßen.

Haller hat ferner neutrale und saure Bornylester der Phthalsäure durch dreitägiges Erhitzen molekularer, auf das Endprodukt berechneter Mengen von Phthalsäure und verschieden drehender Borneole auf 130° C, ferner durch Vermischen von je zwei entsprechenden, entgegengesetzt aktiven Estern inaktive Ester hergestellt[3]) und fand für neutrale Bornylphthalsäureester $C_6H_4(CO_2C_{10}H_{17})_2$

[M] (Mol. Dreh.)	= + 79,54	Schmelzp.	= 101,12
„ „	= − 79,14	„	= 101,12
„ „	= 0	„	= 118,00

---

1) *Haller:* Ber. d. chem. Ges. 1889, R. 575.

2) Monatshefte f. Chemie 1881, 227. 3) *Haller:* ibid. R. 255.

für saure Bornylphthalsäureester $C_6H_4(CO_2H)CO_2C_{10}H_{17}$

[M] (Mol. Dreh.)	= + 58,38	Schmelzp. = 164,48
„ „	= − 58,27	„ = 164,48
„ „	= 0	„ = 158,34

In analoger Weise wurden saure und neutrale Bernsteinsäureester von *Haller* hergestellt[1]). Er fand für neutrale Bornylbernsteinsäureester $(CH_2CO_2)_2(C_{10}H_{17})_2$

α_D = + 42,05	Schmelzp. = 83,7° C
= − 42,39	„ = 83,7° C
= 0	„ = 82,28° C.

für saure Bornylbernsteinsäureester $HCO_2(CH_2)_2CO_2C_{10}H_{17}$

α_D = + 35,59	Schmelzp. = 58° C
= − 35,94	„ = 50° C
= 0	„ = 56,5° C.

Für die sauren und neutralen Camphersäurebornylester fand *Haller*:

Camphersäurebornylester aus d-Borneol $C_{10}H_{17}CO_2C_8H_{14}COOH$, Schmelzp. 176 bis 177°;

Camphersäurebornylester aus l-Borneol, Schmelzp. 164 bis 166° (*Haller*);

Camphersäuredibornylester aus d-Borneol $(C_{10}H_{17})_2(CO_2)_2C_8H_{14}$, Schmelzpunkt 133°;

Camphersäuredibornylester aus l-Borneol, Schmelzp. 122° C[2]).

Gelegentlich einer Untersuchung des Rosmarinöles hat *Haller* das beschriebene Verfahren benützt, um Borneol von Campher zu trennen. Zu diesem Zwecke genügt es, diejenigen Partien, welche beide Substanzen gemischt enthalten, mit zweibasischen Säuren in solcher Menge zu erhitzen, daß sich saure Bornylester zu bilden vermögen. So z. B. wurden 200 g Rosmarincampher mit 120 g Bernsteinsäure verrieben und 48 Stunden auf 140° C erhitzt; nunmehr wurde die Trennung der sauren Ester vom Campher durch wässerige Alkalien, in welchen diese Ester sich lösen, bewirkt[3]).

Die Darstellung der Fettsäureester der Terpenalkohole im allgemeinen läßt sich auch, wie *Bertram*[4]) fand, bei niederer Temperatur bewerkstelligen, wenn man die organischen Säuren unter Zusatz geringer Mengen von Mineralsäuren auf die betreffenden Alkohole einwirken läßt. Die Säuren müssen nicht konzentriert sein, ja in vielen Fällen ist es sogar notwendig, sie zu verdünnen, weil sonst die Reaktion zu heftig verlaufen würde. Dieses Verfahren ist selbst für die Herstellung der Formylester vorteilhaft, obgleich

---

[1]) *Haller:* Ber. d. chem. Ges. 1889, R. 255 und 284.

[2]) *Minguin* u. *de Bollemont* haben für homologe Fettsäureester des l-Borneols mit Ausnahme des Ameisensäureesters bei äquimolekularen alkoholischen Lösungen ($^1/_4$ g Molekül pro 1000 ccm abs. Alkohol) den gleichen Drehungswinkel $\alpha_D = 4{,}30°$ im 200-mm-Rohr festgestellt. Bull. Soc. chim. (III) **27**, 593 (1902). Über die kristallographischen Eigenschaften der isomeren Campheralkohole vgl. *Minguin:* Bull. soc. chim. (III) **27**, 683 (1902).

[3]) *Haller:* Ber. d. chem. Ges. 1889, R. 575.

[4]) Dr. *Julius Bertram*, Leipzig: D. R. P. 80 711 vom 24. II. 1893.

sich diese schon bei mehrtägigem Stehen von konzentrierter Ameisensäure mit dem Borneol bilden[1]).

Werden auf 100 Teile des Terpenalkohols 200 bis 300 Teile Fettsäure genommen, so genügt ein Zusatz von 5 bis 10 Teilen Schwefelsäure oder Salpetersäure zur Esterifizierung. Die Temperatur soll bei Herstellung von Ameisen-, Essig- oder Propionsäureestern 20 bis 25° C nicht überschreiten. Für Valerian- und Buttersäureester kann die Temperatur bis 70 oder 80° C steigen.

Auf diesem Wege wurden hergestellt:

Bornylformiat flüssig	Siedep.	90° C bei 10 bis	11 mm	Druck,
Bornylpropionat flüssig	„	109 bis 110° C	11 „	„
Bornylacetat, Schmelzp. 29° C	„	96° C	11 „	„
Bornylbutyrat flüssig	„	120 bis 121° C	11 „	„
Bornylvalerianat flüssig	„	128 bis 130° C	11 „	„
Isobornylformiat flüssig	„	100° C bei	14 „	„
Isobornylacetat flüssig	„	106 bis 107° C	15 „	„

Die Bornylester sind nicht leicht verseifbar. *Kachler* und *Spitzer*[2]) konnten feststellen, daß Bornylacetat, selbst mit konzentrierter wässeriger Kalilauge im zugeschmolzenen Rohre längere Zeit auf 125° C erhitzt, nur in sehr geringem Maße Borneol abspaltet. Hingegen wurde eine vollständige Zersetzung des Esters erzielt, als nach dem Verfahren *Montgolfiers* statt Lauge festes Ätznatron benützt wurde. — Es genügte, das Bornylacetat mit gepulvertem Ätznatron in einem langhalsigen Kölbchen im Ölbade auf 120 bis 150° C zu erhitzen, um Borneol sublimiert zu erhalten. Alkoholisches Kali verseift leichter, spaltet jedoch bei 100° C aus Bornylformiat Camphen ab[3]).

Die Einwirkung von Oxalsäure auf die Borneole kann ganz different verlaufen, je nachdem krystallisierte oder wasserfreie Säure angewandt wird. *Zelinsky* und *Zelikow* haben diese Einwirkung mit folgenden Ergebnissen studiert:

Rechts-Borneol $(\alpha)_D = +18°$, mit krystallisierter Oxalsäure auf 120 bis 130° C erhitzt, ergab ein Camphen, das bei 0° zu federförmigen Krystallen erstarrte, welche bei 3 bis 4° C schmolzen $(\alpha)_D = +8{,}12°$. Dasselbe Rechts-Borneol, mit wasserfreier Oxalsäure unter den gleichen Umständen erhitzt, gab zwei optisch inaktive Terpene, welche bei 0° nicht erstarren, Siedepunkt des einen 160 bis 161° C, des anderen 165 bis 167° C.

Links-Borneol $(\alpha)_D = -36°$, mit krystallisierter Oxalsäure auf 120 bis 130° erhitzt, gab ein bei 156 bis 157° siedendes optisch inaktives Terpen, das bei 0° nicht erstarrt[4]).

---

[1]) Vgl. *Lafont:* Compt. rend. **106**, 1170 u. ff. und Ann. de chim. (6.), **15**, 207—209 (1888).

[2]) *Kachler* u. *Spitzer:* Ann. d. Ch. **200**, 352 (1880).

[3]) *Lafont:* Ann. de chim. (6) **15**, 167.

[4]) *Zelinsky* u. *Zelikow:* Ber. d. chem. Ges. **34**, 3249.

Vom Borneol wurde der Bornylmethyläther $C_{10}H_{17}OCH_3$. Siedep. (733 mm) = 194,5° C; (38 mm) = 96,5 bis 99,5° C. Dichte $\frac{20°}{(4°)}$ = 0,9162 hergestellt.[1])

Nach *Brühl* besitzt der Bornylmethyläther, auch sorgfältig gereinigt, einen eigentümlich widerlichen Geruch und einen Siedepunkt von 194,5° C (733 mm); er ist in kalter Salpetersäure löslich und bildet hierbei Campher. Vom Bornyläthyläther $C_{10}H_{17}OC_2H_5$ wurden zwei Formen bekannt: Für die α-Form, von *Brühl* dargestellt, wurde ein aus borneolkohlensaurem Natrium gewonnenes Borneol in das Natriumalkoholat umgewandelt. Da in ätherischer Lösung Borneol nur langsam auf Alkalien, sogar schwächer als Campher einwirkt, und selbst in Toluol die Einwirkung nicht genügend war, wurde Xylol als Lösungsmittel hierzu benützt. Die Reaktion war unter Anwendung von 50 g Borneol, in 120 g Xylol gelöst, nach etwa 16stündigem Kochen beendigt, worauf mit Jodäthyl bis zur neutralen Reaktion gekocht wurde. Der Bornyläthyläther stellt ein Öl vor, dessen Siedepunkt unter 20 mm bei 97° C, unter 48 mm bei 120° C, unter 750 mm bei 204 bis 204,5° C liegt und ebenfalls einen schwachen, aber lange anhaftenden, widerlichen Geruch besitzt.

Die β-Form wurde aus l-Camphenhydrochlorid und alkoholischem Kaliumacetat bei 150° C hergestellt.

Siedep. (760 mm) = 205 bis 208°; (50 mm) = 115 bis 120°; Dichte (0°) = 0,9495 $[\alpha]_D = +26° 30'$. Auch dieser Äther wird durch Salpetersäure zu Campher oxydiert.

Bornylbenzyläther $C_{10}H_{17}OCH_2C_6H_5$. Schmelzp. = 50 bis 52° C; Siedep. (70 mm) 215 bis 216° C (*Baubigny*).

Zur Herstellung des Bornylmethylenäthers $(C_{10}H_{17}O)_2CH_2$ vom Schmelzp. 167 bis 168°, dem Siedep. (30 mm) 150 bis 160° C und der Dichte = 1,0735 wurden von *Brühl* 92,4 g Borneol mit 150 g trockenem Xylol und 14 g Natrium in Natriumborneolat übergeführt und mit 85 g Methylenjodid im Ölbade auf 140° C erhitzt; bei der Fraktionierung unter 30 mm destillierte zwischen 65 bis 130° C als farblose Flüssigkeit Bornylmethyläther, bei 150 bis 160° C als fester Körper Bornylmethylenäther über. Dieser bildet, aus Petroläther umkrystallisiert, wasserhelle, rhombische, über 1 cm lange und mehrere Millimeter dicke Prismen in guter Ausbildung und besitzt in geschmolzenem Zustande prachtvolle bläulichgelbe Fluorescenz.

Bornyläther $(C_{10}H_{17})_2O$ kann erhalten werden, wenn 1 Teil Vitriolöl mit 10 Teilen abgekühltem, inaktivem Camphen 24 Stunden stehen gelassen wird. In Wasser gegossen, scheidet sich ein Öl ab, welches fraktioniert, schließlich bei 322° C ein Destillat liefert, das erstarrt, und aus Äther umkrystallisiert, lange Prismen vom Schmelzp. 90 bis 91° C bildet[2]).

---

[1]) Siehe *Baubigny:* Zeitschr. f. Ch. **299**, 411 (1868) (Beilsteins Handbuch), ferner Ann. chim. phys. **41**, 1870; **19**, 221. Ferner *Brühl:* Ber. d. chem. Ges. **24**, 3377 u. f.

[2]) *Bouchardat* u. *Lafont:* Bull. soc. chim. (3) **11**, 902.

Auch der Bornyläther kann mit Salpetersäure zu inaktivem Campher oxydiert werden; mit konzentrierter Salzsäure auf 150° C erhitzt, liefert er Camphenhydrochlorid. Dieser Äther soll nach *Bruylants* im ätherischen Öle der Wurzel von Valeriana officinalis vorkommen[1]).

Es gibt noch einige Verbindungen des Borneols, welche sich zu dessen Kennzeichnung eignen und diese sind:

Das Bornylphenylurethan $CO(NHC_6H_5)(OC_{10}H_{17})$, welches schon durch längeres Stehen eines molekularen Gemenges von Borneol und Phenylisocyanat sich bildet und nach dem Reinigen mit Petroläther und Umkrystallisieren aus Alkohol einen Schmelzp. von 138 bis 139° C zeigt[2]). Ferner das Bornylbromal von *Haller*, wie auch von *Minguin* hergestellt, welche zeigten, daß Borneol sich mit Chloral und Bromal zu Additionsprodukten vom Typus $CCl_3C(C_{10}H_{17})(OH)_2$ vereinige. Sie entstehen beim gelinden Erwärmen von 1 Teil Borneol mit z. B. 2 Teilen Bromal. Nach dem Waschen und Umkrystallisieren aus Petroläther zeigte das

Bornylchloral	einen Schmelzpunkt	von	55	bis	56° C,
das Bornylbromal	„	„	„	98	„	99° C.

Diese Additionsverbindungen ergeben beim Erhitzen mit alkoholischem Kali wiederum Borneol[3]).

Der Campher.

Der gewöhnliche Campher, auch Japancampher oder Laurineencampher wegen seines hauptsächlichen Gewinnungsortes genannt, ist nicht selten anzutreffen; so z. B. ist er im Rosmarin-Spik-Sassafras-Zimtwurzel-Campherblätteröl als rechtsdrehende, im Rainfarn- und Mutterkrautöl als linksdrehende Modifikation enthalten. Praktisch wird nur d-Campher, und zwar aus dem Holze des Campherlorbeerbaums, Laurus camphora durch Destillation mit Wasserdampf gewonnen. Im südlichen China und auf den japanischen Inseln, vornehmlich auf Formosa, finden sich ganze Wälder des Campherbaumes, in dessen älteren Stämmen er auskrystallisiert und in deren jüngeren er gelöst im Campheröle vorkommt, das am reichlichsten in den Wurzeln anzutreffen ist. Die Späne werden in einem primitiven Apparat mit Wasser erhitzt und der Dampf in Kästen kondensiert. Der erste Überlauf ist hauptsächlich Campheröl; die späteren Destillate scheiden erst den Campher ab. Der Rohcampher wurde früher nach Europa gebracht und hier in Glaskolben, unter Zusatz von Kalk und Ton, durch Sublimation gereinigt[4]). Ist er stark mit Campheröl verunreinigt, so wird letzteres abgepreßt und mit Wasserdampf destilliert; sind etwa $^2/_3$ des Öles abdestilliert, so scheidet der Rückstand Campher aus. In den letzten Jahren wurde er hauptsächlich in Japan selbst durch Sublimation gereinigt. Der natürliche Campher ist stets

[1]) Nach *Gildemeister* u. *Hoffmann:* „Die äther. Öle" ist dieses Vorkommen wenig wahrscheinlich.

[2]) *Haller:* Compt. rend. **112**, 143 u. f. *Minguin:* Compt. rend. **116**, 889 u. f.

[3]) *Bertram* u. *Walbaum:* Journ. f. pr. Chem. 1894, N. F. 49.

[4]) Näheres siehe *Gildemeister* u *Hoffmann:* Die äther. Öle.

optisch aktiv, vorwiegend rechtsdrehend und tritt in verschiedenen Formen auf, je nachdem er aus alkoholischen Lösungen oder aus dem Schmelzflusse krystallisiert. Der synthetische Campher ist zwar inaktiv, aber auch polymorph [1]). Er bildet rhomboedrische Krystalle vom spez. Gewicht (10° C) 0,992 und vom Schmelzp. 176 bis 177° C. Der Siedepunkt liegt bei 209° C, das Molekularbrechungsvermögen beträgt 74,43. In Wasser unlöslich, kann er aus Alkohol und den Fettlösungsmitteln krystallisiert werden. Wirft man kleine Stückchen Campher auf reines Wasser, so rotieren sie; eine Spur von Fett im Wasser hemmt die Rotation ebenso wie das Bedecken des Gefäßes. Nach Entfernung des Deckels stellt sie sich wiederum ein, ein Umstand, welchen *Marcelin* auf die Löslichkeit des Camphers in Wasser zurückführt [2]).

Von den zahlreichen chemischen Verbindungen des Camphers seien die zu seiner Charakterisierung wichtigen hervorgehoben. Zur Darstellung des d-Camphersemicarbazons $C_{10}H_{16} = N \cdot NH \cdot CO \cdot NH_2$ wird eine eisessigsaure Campherlösung (15 g K. + 20 ccm E.) mit einer Lösung von 12 g salzsaurem Semicarbazid und 15 g Natriumacetat in 20 ccm Wasser gemischt. Schmelzp. = 236 bis 238° C.

Zur Herstellung des Campheroxims werden 10 Tl. Campher in 150 bis 200 Tl. Alkohol gelöst, mit einer konzentrierten wässerigen Lösung von 10 Tl. Hydroxylaminchlorhydrat und 12 Tl. Natronhydrat eine Stunde am Wasserbade digeriert; die mit Wasser verdünnte, sodann filtrierte Lösung wird mit Salzsäure neutralisiert. Das ausgeschiedene Oxim wird aus Alkohol oder Ligrom umkrystallisiert [3]).

Schmelzpunkt von d-Campheroxim 118 bis 119° C, l-Campheroxim 115° C. Das Oxim des Camphers ist entgegengesetzt drehend dem Ausgangsprodukt. Aus dem Oxim läßt sich der Campher nicht regenerieren. Er bildet mit Natriumbisulfit keine Doppelverbindung, wohl aber mit p-Bromphenylhydrazin ein Hydrazon (Schmelzp. 101° C) [4]) und mit Natriumalkoholat und Ameisensäureester den Oxymethylencampher vom Schmelzp. 80 bis 81° [5]).

Die Reduktion des Camphers in alkoholischer Lösung führt zu einem Gemenge von Borneol und Isoborneol; in ätherisch-wässeriger Lösung entsteht daneben auch Campherpinakon [6]).

Der synthetische Campher ist, wie bereits erwähnt, inaktiv oder schwach aktiv. *Darmois* beobachtete bei Produkten, welche aus französischem Terpentinöl hergestellt waren, jedoch Drehungen von —2 bis —7°, bei einem Produkt aus amerikanischem Öle eine Drehung von +5° [7]). Tatsächlich sind die meisten Handelspräparate schwach optisch aktiv, und zwar je nach dem Ausgangsprodukt rechts- oder linksdrehend.

---

[1]) *Wallerant:* Compt. rend. **158**, 597 (1914).
[2]) Cf. *Marcelin:* Chem. Zentralbl. **1**, 1048 (1914).
[3]) *Nägeli:* Ber. d. chem. Ges. **16**, 497. *Auwers:* ibid. **22**, 605.
[4]) *Tremann:* Ber. d. chem. Ges. 1895, 2191.
[5]) *Bishop, Claisen* u. *Sinclair:* Ann. d. Ch. **281**, 314.
[6]) *Beckmann:* Ann. d. Ch. **1**, 1896.
[7]) Compt. rend. **1910**, 150, 925.

Um nun zu wirksamerem, synthetischem optisch aktivem Campher zu gelangen, wurden verschiedene Versuche unternommen; so hat z. B. *Hesse* gezeigt, daß man von aktivem Pinen auch zu aktivem Borneol gelangt, wenn man das Pinenchlorhydrat mittels der *Grignard*schen Reaktion in eine Magnesiumverbindung überführt, sodann oxydiert und hierauf zersetzt[1]). Es läßt sich mithin auf diese Weise auch aktiver Campher gewinnen.

Auch *Darmois* bemühte sich um die Herstellung aktiven Camphers und ging zu diesem Zwecke von stark rechtsdrehendem Terpentinöl aus, stellte daraus Borneol her, welches, aus Petroläther fraktioniert krystallisiert, verschieden starke Drehungen der Anteile aufwies. Mit Chromsäure oxydiert, wurde schließlich stark optisch aktiver Campher erhalten. Ähnlich wurde aus l-Terpentinöl ein Borneol dargestellt, welches auch d-drehendes Isoborneol enthielt und schließlich zu stark drehendem l-Campher oxydiert werden konnte[2]).

Für die Verwendung des synthetischen Camphers in der Celluloidfabrikation ist optische Aktivität nicht erforderlich, so daß das künstliche Produkt das natürliche vollkommen ersetzt. Anders stand die Frage lange Zeit bei Verwendung des synthetischen Camphers zu Heilzwecken, insbesondere bei innerlicher Verabreichung. Der natürliche Campher übt bei direkter Einführung in die Blutbahn eine vorübergehende Reizwirkung auf das Vasomotorenzentrum aus, welche eine Steigerung des Blutdrucks bewirkt. Während diese Steigerung flüchtig und unerheblich ist, besteht die Hauptgefäßwirkung in einer peripher bedingten Gefäßdilatation mit Blutdrucksenkung; kleine und mittlere Dosen bewirken keine Schädigung der Herzarbeit, wohl aber größere Dosen[3]) (*Winterberg*).

Über die physiologischen Wirkungen des synthetischen Camphers war das Urteil vor dem Kriege noch nicht völlig abgeschlossen. Aber da durch die Versuche von *G. Bruni*, an Kaninchen ausgeführt, dargetan wurde, daß l-Campher etwa 13mal stärker toxisch wirkt, als d-Campher[4]), so läßt sich voraussehen, daß die Wirkungen des synthetischen i-Camphers ungefähr die Mitte der beiden optisch aktiven Modifikationen einnehmen[5]).

Der therapeutischen Verwendung des künstlichen Camphers zu äußerlichen Zwecken steht, wie *Deussen* ausführt[6]), nichts im Wege; die Eignung zu subcutanen Injektionen ließ sich 1915 noch nicht mit Sicherheit entscheiden[7]). Inzwischen hat *Joachimoglu* experimentell gezeigt, daß sowohl bei Katzen als auch an Froschherzen vorgenommene Versuche einen Unterschied zwischen optisch aktivem und synthetischem Campher in pharmakologischer Hinsicht

---

1) Vgl. *A. Hesse* (B. **39**, 1127), welcher, von aktivem Borneol ausgehend, zu aktivem künstlichem Campher gelangte.

2) Compt. rend. **150**, 925 (1910).

3) *Winterberg:* Chem. Zentralbl. 1903, 848.

4) *Bruni:* Ber. *Schimmel & Cie.*, Okt. 1908.

5) Vgl. auch *Joachimoglu:* Zeitschr. f. angew. Ch. 1917.

6) Pharm. Zentralbl. **1914**, 823.

7) Vgl. Gutachten *Heffters*: Pharm. Ztg. **1915**, 6; ferner *Kaufmanns* Apoth.-Ztg. **1915**, 23; ferner *Fröhners* Apoth.-Ztg. **1915**, 24.

nicht rechtfertigen. Alle drei Modifikationen sind auch in ihrer Wirkung auf Bakterien gleichwertig zu achten und auch anderen klinischen neueren Versuchen zufolge kann der künstliche Campher den natürlichen therapeutisch vollwertig ersetzen, so daß störende Nebenwirkungen am Krankenbette bei Anwendung synthetischen Camphers nicht auftreten (Versuche von *Levy* und *Wolff*, ferner von *Lutz*)[1]).

Für den zu therapeutischen Zwecken verwendeten Campher ist nach *E. Richter* die Abwesenheit folgender Verunreinigungen erforderlich: Bornylchlorid, Camphen, Borneol, Isoborneol und Alkohol. Bornylchlorid wird durch die Anwesenheit von Chlor, Camphen durch die Höhe des Schmelzpunktes nachgewiesen. Schwierig ist der Nachweis von Borneol und Isoborneol[2]).

Wenngleich der synthetische Campher, welcher hauptsächlich zur Celluloidfabrikation benützt wird, da er mit der Nitrocellulose eine feste Lösung bildet, den natürlichen in diesem Belange vollwertig ersetzen kann, ist hier indes ebenso, wie für den zu therapeutischen Zwecken benützten Campher, völlige Chlorfreiheit des Pordukts erforderlich. Nach *Lohmann* läßt sich diese Konstatierung am besten durch Glühen mit Ätzkalk vornehmen[3]). Auch die *Beilstein*sche Kupferoxydprobe, welche von *Stephan* empfohlen wurde, ist sehr empfindlich und gestattet den Nachweis von 0,02 Proz. Cl.

Zur Ausführung bringt man eine geringe Menge der Substanz mit etwas Kupferoxyd, das sich an der Öse eines Platindrahtes befindet, in Berührung und führt den Draht in den Saum einer nichtleuchtenden Flamme ein. Ist Halogen anwesend, so erscheint die Flamme vorübergehend blaugrün gefärbt[4].)

Neben dem gewöhnlichen Campher wurde noch auf synthetischem Wege von *Bredt* und *Hilbing* und von *Lankshear* und *Perkin jr.* der β-Campher (Epicampher) hergestellt. Er besitzt Schmelzp. 184 bis 185°, Siedep. 213,1—213,4°, ist flüchtiger als gewöhnlicher Campher und liefert bei der Oxydation mit Salpetersäure Camphersäure[5]). Er besitzt die Struktur

CH_3
C
H_2C CH_2
CH_3CCH_3
H_2C CO
CH

[1]) Vgl. auch *C. Bachem:* Apoth.-Ztg. **1915**, 214.

[2]) *Richter:* Pharm. Ztg. **1915**, 46.

[3]) Ber. von *Schimmel & Co.* Okt. 1909, Ber. d. pharm. Ges. **1909**, 222.

[4]) Vgl. *Stephan:* Ber. d. pharm. Ges. **1909**, 228; *Richter:* Apoth.-Ztg. **1915**, 14; *Kunz-Krause:* ibid. **1915**, 141.

[5]) Chem. Ztg. **1911**, 765. Über Homologe des Borneols und Camphers vgl. auch nebst *Brühl, Haller* u. *Bauer:* Compt. rend. **148**, 1643 (1909)

Technische Herstellung von Pinenhydrochlorid.

Die technische Herstellung des Pinenhydrochlorids erfolgt wie die präparative durch Einleiten von Salzsäure in Pinen. Die Rohkrystalle können durch Abpressen, Abnutschen, wohl auch durch Abblasen mit Wasserdampf von öligen Beimengungen befreit und zur Reinigung umkrystallisiert oder auch sublimiert werden. Ein Haupterfordernis für die Herstellung des festen Pinenhydrochlorids ist die Abwesenheit von Wasser im Terpentinöl.

Nach *O. L. A. Dubosc* (Engl. P. 8260/1906) ist es zweckmäßig, das Terpentinöl vor dem Einleiten des Salzsäuregases durch Calciumcarbid zu entwässern und während des Sättigungsprozesses eine Maximaltemperatur von 30° C einzuhalten. Zu beachten ist nämlich, daß die Anlagerung der Salzsäure an Pinen exothermisch erfolgt. *Guiselin* führte auf dem internationalen Kältekongreß in Wien aus, daß bei der Überführung von 100 kg Terpentinöl in Pinenhydrochlorid während einer Stunde 119 000 Cal. frei werden. Er empfahl, um die günstigste Temperatur von 15° C einhalten zu können, die Anwendung von Eismaschinen, welche es ermöglichen, die gewöhnliche Ausbeute von 33 Proz. vom angewandten Terpentinöl auf 100 bis 110 Proz. zu steigern.

Beim Aufbewahren des Pinenhydrochlorids zeigt sich jedoch häufig die Erscheinung, daß dasselbe allmählich sauer wird. Nach *Naschold*[1]) verursachen bei der Erzeugung sich bildende Nebenprodukte die Abspaltung von Chlorwasserstoff, während bei Pinenhydrochlorid selbst, dieser beständigen, nur bei höherer Temperatur und durch energisch wirkende Mittel zerlegbaren Verbindung, eine Säureabspaltung nicht zu erwarten ist. Selbst die Neutralisation der vorhandenen freien Säure durch Alkalien und eine darauf folgende Destillation oder Sublimation führt nicht zum Ziele, weil die Bildung freier Salzsäure durch Zersetzung der Nebenprodukte nach der Neutralisation noch andauert.

Naschold hat nun beobachtet, daß die Salzsäure abspaltenden dem Pinenhydrochlorid anhaftenden Nebenprodukte durch vorsichtige Verseifung des rohen oder vorgereinigten Pinenhydrochlorids, welche allein die Nebenprodukte zersetzt, das Pinenhydrochlorid selbst aber der Hauptsache nach unangegriffen läßt, beseitigt werden können. Die Verseifung kann mit gewöhnlichen Alkalien oder Sodalösungen bei 80 bis 100° C erfolgen, da bei dieser Temperatur das rohe Pinenhydrochlorid vollständig flüssig ist, und bei niedrigerer Temperatur die Verseifung unvollständig bleibt oder zu lange währt. Zur Vornahme der Reaktion sind wegen der Flüchtigkeit des Produktes geschlossene, mit Gasabzugsvorrichtung versehene Rührwerke am empfehlenswertesten; das Ende der Operation kann daran erkannt werden, daß eine Probe beim Kochen mit verdünntem, säurefreiem Alkohol an letzteren erhebliche Mengen freier Säure nicht mehr abgibt. — Um nun die

[1]) D. R. P. 175 662 vom 19. III. 1902.

Menge des erforderlichen Alkalis zu ermitteln, wird an einer nicht zu kleinen Probe in üblicher Weise die Verseifungszahl bestimmt und mit derjenigen des reinen Pinenhydrochlorids verglichen, da auch letzteres unter den für die Bestimmung von Verseifungszahlen üblichen Bedingungen, wenn auch nur in geringem Maße, eine solche gibt. Man kocht z. B. 5 bis 10 g reines, aus Alkohol mehrfach umkrystallisiertes Pinenhydrochlorid mit einer gemessenen Menge kohlensäurefreier $^1/_2$ n-Lauge und einer zur Lösung ausreichenden, jedoch gemessenen Menge Alkohol (z. B. 50 ccm) 15 bis 30 Minuten lang auf dem Wasserbade am Rückflußkühler und kühlt ab; sodann verdünnt man mit 50 ccm reinem, kohlensäurefreiem Wasser und titriert mit $^1/_2$ n-Säure unter Anwendung von Phenolphtalein als Indikator zurück. Der Verbrauch an Normalalkali gestattet in üblicher Weise, die „Verseifungszahl“ des reinen Pinenhydrochlorids zu berechnen. Sie besitzt jedoch nur Gültigkeit für die Umstände der Versuchsbedingungen. — Nunmehr wird unter genau gleichen Bedingungen die Verseifungszahl des zu verarbeitenden Produktes bestimmt. Letztere gibt die zur Verseifung erforderliche Menge Sodalösung beliebiger Konzentration an.

Bei einem Verbrauch von 10 mg KOH für 1 g Rohprodukt z. B. verwendet man auf 100 kg Rohprodukt mehr als 40 kg 5 proz. Sodalösung, rührt das Gemisch unter Erwärmen auf 80 bis 100° C mehrere Stunden, jedenfalls so lange, bis eine herausgenommene, durch Waschen und Schleudern von anhaftender Soda befreite Probe keine höhere Verseifungszahl mehr ergibt als reines Pinenhydrochlorid. Nun läßt man das Gemisch abscheiden, trennt und wäscht das Produkt.

Ein derart behandeltes Produkt zeigt bei vorsichtigem Aufbewahren für längere Zeit neutrale Reaktion, enthält jedoch erhebliche Mengen öliger Körper, welche den Schmelzpunkt herabdrücken und die technische Brauchbarkeit beeinträchtigen; auch diese müssen entfernt werden. Während jedoch eine Destillation für sich oder mit Wasserdampf, ferner Sublimation oder mechanische Abscheidung, allein angewandt, erhebliche Verluste an reinem Material verursacht, gestattet eine Destillation mit Wasserdampf oder Sublimation im Vereine mit Anwendung von Schwefelsäure eine Abscheidung der öligen Nebenprodukte unter Erzielung einer guten Ausbeute an Pinenhydrochlorid, weil die öligen Körper hierdurch chemisch derart verändert werden, daß ihre Flüchtigkeit für sich oder mit Wasserdämpfen verhältnismäßig sehr gering wird. Man kann z. B. das verseifte Produkt mit Schwefelsäure von der Dichte 1,5 unter Rühren auf 80 bis 100° C erwärmen, mit Soda neutralisieren und mit Wasserdampf destillieren. Auf diese Weise werden die öligen Bestandteile verharzt und bleiben im Destillationsrückstand. — Solch eine Verharzung kann zwar mit der Operation der Verseifung verbunden werden, da die Schwefelsäure auf das verwendete Rohprodukt zugleich verseifend und verharzend wirkt, jedoch muß man beachten, daß durch hierbei frei werdende Salzsäure die Apparate leicht angegriffen werden.

Als praktisch ermittelte Verseifungszahlen führt *Naschold* folgende Beispiele an:

	Verseifungszahl
Reines Pinenhydrochlorid	0,4 0,6
Rohes Pinenhydrochlorid, Gesamtproduktion	45,9
Rohes Pinenhydrochlorid, über Sodalösung destilliert und ausgeschleudert:	
a) fester Anteil	3,4
b) flüssiger Anteil	26,6
Rohes Pinenhydrochlorid, über verdünnte Natronlauge destilliert, abgetropfte Kristallmasse, mit Öl durchsetzt	9,8
Rohes Pinenhydrochlorid, 24 Stunden mit dem gleichen Volumen Sodalösung intensiv bei etwa 95° C gerührt:	
a) Gesamtprodukt	1,1
b) ausgeschleuderter fester Anteil	0,6
ebenso mit Wasser statt Sodalösung:	
a) Gesamtprodukt	1,4
b) ausgeschleuderter fester Anteil	0,6

Noch besser ist es, zur Entfernung der öligen Nebenprodukte statt der mäßig konzentrierten hoch konzentrierte Schwefelsäure anzuwenden[1]). Pinenhydrochlorid ist nämlich bei gewöhnlicher und selbst mäßig hoher Temperatur auch gegen konz. Schwefelsäure verhältnismäßig beständig und in ihr nahezu unlöslich, während die öligen Nebenprodukte dagegen größtenteils von der Säure unter Verharzung aufgelöst werden. Dazu kommt, daß konz. Schwefelsäure schneller als verdünnte und schon bei gewöhnlicher Temperatur auf die Nebenprodukte einwirkt, weshalb man das Material nur bei gewöhnlicher Temperatur mit konz. Säure vermischen muß. Gleichzeitig ist die Möglichkeit gegeben, die Hauptmenge der Nebenprodukte durch mechanische Scheidung zu entfernen, so daß eine nachfolgende Destillation oder Sublimation nur erforderlich ist, um ein völlig reines und farbloses Präparat zu erzielen. Auch verläuft die Destillation oder Sublimation dann wesentlich glatter.

Will man nun auf diese Weise arbeiten, so vermischt man das mit verseifenden Mitteln vorbehandelte Pinenhydrochlorid unter Vermeidung erheblicher Erwärmung mit ungefähr dem gleichen Volumen konz. Schwefelsäure von der Dichte 1,83 bis 1,84 (66° Bé), gießt auf Eis und destilliert nach der Abtrennung der Schwefelsäure mit Dampf. Man kann auch derart vorgehen, daß das durch Behandeln mit Sodalösung von leicht verseifbaren Anteilen befreite Pinenhydrochlorid, nachdem es von der wässerigen Lösung geschieden und nach dem Erkalten ausgeschleudert worden ist, zwei- bis dreimal mit konz. Schwefelsäure zu einem dicken Brei angerührt und hierauf ausgeschleudert wird, wobei man die von den reineren Produkten ablaufende Säure zum Anrühren der weniger reinen Produkte wieder verwendet. Nach dem Versetzen mit Wasser und nach Neutralisation mit Sodalösung wird nochmals ausgeschleudert und mit Dampf destilliert. Immerhin ist in den, beim Ausschleudern des verseiften Rohproduktes, ablaufenden Ölen noch Pinenhydrochlorid enthalten; sie werden für sich mit Wasserdampf destilliert, worauf die leichter als Pinenhydrochlorid flüchtigen Anteile unter vermindertem Druck abdestilliert werden. Der das Pinenhydrochlorid enthaltende Destillationsrückstand wird nach dem Erkalten abgeschleudert, und die hier-

[1]) Dr. *W. Naschold:* D. R. P. 182044 (Zus. zum D. R. P. 175662) vom 16. XI. 1902.

bei erhaltene Krystallmasse wird dem Ausgangsmaterial zugefügt. — Die ablaufenden Öle werden evtl. nochmals unter vermindertem Drucke solange fraktioniert, bis der Destillationsrückstand Pinenhydrochlorid nicht mehr auskrystallisieren läßt. Der Rückstand, unter Kühlung mit dem gleichen Volumen konz. Schwefelsäure vermischt und ausgeschleudert, ergibt noch weiter zu verarbeitendes Pinenhydrochlorid.

Technische Herstellung von Camphen.

Die technische Herstellung des Camphens läßt sich durch Alkalien allein nicht bewirken, da Pinenchlorhydrat selbst mit einem mehrfachen Überschuß an Natronlauge, tagelang in Autoklaven erhitzt, nur einen Bruchteil der Salzsäure abgibt. Auch die Behandlung mit Natronkalk, wie sie z. B. *Reychler* vorschlug[1]), gestattet keine quantitative Überführung in Camphen. Besser gestaltet sich die Ausbeute, falls das Pinenhydrochlorid mit Alkaliacetat und Eisessig erhitzt wird, ohne daß auch hier technisch befriedigende Resultate zu erzielen wären. Man bemühte sich daher, solche säureabspaltende Agentien zu ermitteln, welche gleichzeitig das Pinenchlorhydrat lösen und fand sie z. B. im alkoholischen Ammoniak, im Chinolin oder in schwachen, das Alkali bindenden Säuren, wie Fettsäuren, den Phenolen, Naphtholen usw. Teilweise wurden sie schon von den Theoretikern angewandt und das Erhitzen mit Seife, wie es *Berthelot* vornahm, führt auch zu technisch befriedigenden Ausbeuten und zu chlorfreiem Camphen, vorausgesetzt, daß das Erhitzen viele Stunden und bei genügend hohen Temperaturen, über 200° C erfolgt[2]). Aber auch diejenigen Verfahren, welche weniger befriedigend verlaufen, lassen sich durch katalytisch wirkende Zusätze, Wahl von geeigneten Temperaturen und andere Hilfsmittel zu technisch anwendbaren Verfahren ausgestalten.

So kann nach dem D. R. P. 228 613 Pinenhydrochlorid durch Erhitzen mit trockenen Alkali- oder Erdalkalihydraten bei Temperaturen, die etwas über dem Schmelzpunkte des Pinenhydrochlorids liegen, glatt in Camphen übergeführt werden. Es muß nur für entsprechende Zerkleinerung des gebrannten Kalks gesorgt werden. Ferner ist es vorteilhaft, wenn ein wasserbindendes Agens behufs Entfernung des Reaktionswassers zugegen ist; mithin genügt ein Zusatz von gebranntem Kalk zu Kalkhydrat[3]).

Es werden z. B. zu einem feingemahlenen Pulver von je 10 kg frischen, teils gebrannten, teils gelöschten Kalks 20 kg grob zerkleinertes Pinenhydrochlorid gemischt, worauf das Gemenge in einem mit Dampfmantel und Rückflußkühler[4]) versehenen Gefäß auf 130° bis 160° C solange erhitzt wird, bis eine entnommene, mit Wasserdampf abgetriebene Probe chlorfrei ist. Hier-

[1]) Bull. de la Soc. chim. (3) **15**, 371.

[2]) Bei Anwendung von stearinsaurem Natron z. B. ist behufs Erzielung chlorfreien Camphens zwanzigstündiges Erhitzen auf 210—220° C erforderlich.

[3]) *Terpinwerk* in Uerdingen a. Rh.: D. R. P. 228 613 vom 1. V. 1909.

[4]) Bei der Umsetzung wird Reaktionswärme frei, welche die Temperatur bis über diejenige des Camphens steigern kann.

auf wird das Camphen durch Destillation im Vakuum oder mit Wasserdampf gewonnen. Die Ausbeute soll hierbei 90 Proz. der theoretischen betragen. Um das bei dieser Reaktion entstehende Chlorcalcium, welches Nebenreaktionen bewirkt, zu vermeiden, kann der gelöschte Kalk durch Natronhydrat oder Barythydrat ersetzt oder. es kann Soda zugesetzt werden.

Wird von vornherein ein Gemisch von gleichen Teilen entwässerter Soda, Kalkhydrats und gebrannten Kalks angewandt, so soll die Ausbeute auf 95 Proz. steigen.

Wie das D. R. P. 218 989 angibt, kann Pinenchlorhydrat durch Natronlauge oder Kalkmilch in Gegenwart von Glycerin, Mannit, Dextrin, Rübenzucker, Glukose und Stärke in ein Gemisch von chlorfreiem Camphen und Camphenhydrat übergeführt werden[1]). Da letzteres durch verdünnte Säuren in Camphen umgewandelt wird, findet bei deren Zusatz eine weitere Reaktion statt. Nach den Angaben der zitierten Patentschrift werden bei diesem Verfahren die löslichen Kohlenhydrate vollständig zerstört, die unlöslichen hingegen teilweise in Salze, hauptsächlich derjenigen der Milchsäure übergeführt, so daß letztere ein wertvolles Nebenprodukt dieser Reaktion vorstellen. Es sollen z. B. auf 340 Tl. Pinenchlorhydrat gleiche Mengen Glycerin, 375 Tl. Natronlauge (33 proz.) und 100 Tl. Wasser verwendet werden, wobei das Erhitzen im Autoklaven unter Umrühren 12 Stunden bei 160° erfolgt. Soll statt des kostspieligen Glycerins Rübenzucker, Kartoffel- oder Reisstärke verwendet werden, so sind die entsprechenden Mengenverhältnisse z. B. 170 Tl. Kalk mit 480 Tl. Wasser, 345 Tl. Rübenzucker und 345 Tl. Pinenchlorhydrat, wobei ebenfalls das Erhitzen durch etwa 12 Stunden auf 170° C erfolgt. Zur Gewinnung der Milchsäure wird der Kalk mit Schwefelsäure gefällt, die filtrierte saure Lösung mit Zinkkarbonat gesättigt und das Zinkactat auskrystallisiert. Die Ausbeute an chlorfreiem Camphen soll bei diesem Verfahren 89 bis 90 Proz. des angewandten Pinenhydrochlorids betragen.

Die bereits mehrfach beobachtete Tatsache, daß Zink und dessen Salze die Abspaltung der Salzsäure aus Pinenhydrochlorid erleichtern, benützt *Weitz* zur Durchführung der technischen Herstellung von Camphen. Da jedoch das bei der Reaktion entstehende Chlorzink seinerseits auf Camphen einwirkt, wird die Bildung von Nebenprodukten durch basische Zusätze, z. B. Alkalihydroxyden, behoben[2]). Es ist beispielsweise zweckmäßig, für je 100 kg Pinenchlorhydrat 100 kg Zinkoxyd mit 25 kg Natriumhydroxyd zu vermischen und hierbei eine Temperatur von 125 bis 150° C anzuwenden. Es soll Camphen in fast theoretischer Ausbeute auf diese Weise resultieren. Als besonderen Vorteil dieses Verfahrens betrachtet der Erfinder die absolute Chlorfreiheit des derart hergestellten Camphens; da er aber den Schmelzpunkt des Endproduktes nur mit 40 bis 42° C angibt, so kann letzteres nicht rein sein.

---

[1]) *Chem. Fabr. vorm. Sandoz* (Basel): D. R. P. 218 989 vom 3. V. 1907. Camphenhydrat ist als Isoborneol zu betrachten.

[2]) Dr. *Lambert Weitz:* D. R. P. 243 692 vom 8. V. 1910.

Die Anwendung von Seifen als Abspaltungsmittel ist, wie eingangs bereits erwähnt, Gegenstand häufiger Versuche gewesen. Um ganz chlorfreies Camphen durch Einwirkung von Basen auf Pinenchlorhydrat herzustellen, ist auch im D. R. P. 153 924[1]) ein Verfahren angegeben, welches die Anwendung von Alkalisalzen höherer Fettsäuren, also Seifen als Lösungsmittel zu Hilfe nimmt[2]), jedoch die Arbeit im Autoklaven vollziehen läßt. — Es werden z. B. 10 kg Pinenchlorhydrat mit 10 kg Kaliseife (Schmierseife), 4 kg Natronhydrat und 5 kg Wasser 20 Stunden lang auf 210 bis 220° C in einem Autoklaven erhitzt. Nach dem Ansäuern wird das Camphen, welches sodann chlorfrei ist und in der Kälte erstarrt, mit Dampf abgetrieben. Will man statt fester Alkalien Ammoniak anwenden, so bringt man einen Überschuß von wässerigem Ammoniak mit Stearinsäure zusammen (z. B. 6 kg wässeriges Ammoniak [Dichte 0,910] und 5 kg Stearinsäure) wobei selbstverständlich eine weitgehende Spaltung des Ammoniakstearats eintritt, so daß das gesamte Ammoniak auf das Pinenchlorhydrat einwirken kann.

Reychler hat, wie bereits erörtert, die Abspaltung des Camphens dadurch vorgenommen, daß er Phenol und Alkali auf 175° C erhitzte, sodann Pinenchlorhydrat eintrug[3]). Die Verwendung der Alkaliphenolate wurde praktisch sehr günstig beurteilt, wenngleich ein Teil des Phenols verharzt und sich der Regeneration entzieht. Es hat sich jedoch gezeigt, daß die Wasserfreiheit des Phenolalkalis keine unbedingte Forderung für die Gewinnung eines chlorfreien Camphens bildet, da die Reaktion vielmehr lediglich eine hohe Temperatur erfordert. Es lassen sich daher, um aus dem Pinenchlorhydrat ein chlorfreies Camphen zu erhalten, auch wässerige Lösungen der Alkalisalze von Phenolen oder Naphtolen verwenden, und es vermag sogar wässeriges Naphtolalkali (das zweckmäßig einen Überschuß von Phenol aufweist) in 12 Stunden aus dem Pinenchlorhydrat die Salzsäure quantitativ abzuspalten[4]).

Zur Ausführung der Reaktion wird z. B. ein Gemisch von 1000 Tl. festem Pinenchlorhydrat, 900 Tl. Phenol (oder äquimolekulare Mengen Kresol usw.), 230 Tl. Ätznatron und 600 Tl. Wasser 10 bis 12 Stunden auf ca. 160° C im verschlossenen Gefäß erhitzt; das Kochsalz wird abgeschieden, behufs Bindung des Phenols neuerdings Ätznatron zugesetzt und das Camphen mit Wasserdampf abdestilliert. Wird die alkalische Phenollösung eingedampft, so kann sie neuerdings verwendet werden[5]).

---

[1]) *Chem. Fabrik auf Aktien* (*vorm. E. Schering*), Berlin: D. R. P. 153 924 vom 10. XI. 1901.

[2]) Auch das nach *Berthelot* aus Pinenhydrochlorid durch Erhitzen mit der achtfachen Menge gepulverter Seife auf 240° C während 40 Stunden (Ann. d. Ch. **110**, 367, Compt. rend. **47**, 266) gewonnene Camphen ist nach den Angaben des D. R. P. 153 924 chlorfrei.

[3]) Ber. d. chem. Ges. **29**, 695 (1896), Bull. de la Soc. chim. (3) **15**, 371.

[4]) *Badische Anilin- und Sodafabrik:* D. R. P. 189 867 vom 21. VII. 1905; vgl. auch Engl. P. 16 429 (1905).

[5]) Verwendet man Alkalisalze der Naphthole in wasserfreiem Zustande, so geht nach den Angaben des D. R. P. 189 867 die Abspaltung derart langsam vor sich, daß zur Erlangung eines chlorfreien Produkts ca. 36 Stunden Schmelzdauer erforderlich sind.

Es läßt sich demnach die Abspaltung der Salzsäure aus Pinenhydrochlorid durch Erhitzen mit wasserfreiem Kaliumphenolat oder durch Erhitzen mit wässerigen Lösungen von Alkaliphenolaten, jedoch unter Druck erzielen, während die Anwendung von Kaliumhydroxyd mit Phenol ohne Druck kein Camphen liefert. Hingegen kann der Abspaltungsprozeß auch bei gewöhnlichem Druck durchgeführt werden, wenn, wie *Koch* fand, Pinenchlorhydrat mit Kalk und Phenol direkt ersetzt wird [1]). Die Ursache dieser Erscheinung ist darin gelegen, daß die sonst notwendige Entfernung des Reaktionswassers bei der Bildung des Alkaliphenolats entfällt, weil das im Überschuß angewandte Calciumoxyd das Reaktionswasser bindet. Das Camphen kann mit Wasserdampf oder direkt abdestilliert werden.

Ein entsprechendes Mengenverhältnis für die Reaktion bilden z. B.: 1720 Tl. Pinenchlorhydrat, 1800 Tl. Phenol (oder äquimolekulare Mengen Naphtol) und 600 Tl. Calciumoxyd. Die Erhitzung erfolgt in diesem Falle während 6 bis 7 Stunden am Rückflußkühler unter Rühren bis zum Sieden der Masse, worauf das Camphen auf übliche Weise abgeschieden werden kann [2]).

Bekanntlich wird kohlensaures Alkali in wässeriger Lösung durch Phenol bei Siedehitze zerlegt. *Skita* zeigte nun, daß die Menge des hierdurch entstehenden Natriumphenolats selbst bei einer Operationsdauer von 14 Stunden nur 38 Proz. der theoretischen betrug, daß hingegen bei Einhaltung einer Temperatur von 170 bis 180° C die Umsetzung der Reaktionsprodukte so sehr begünstigt wird, daß sie in Gegenwart von Pinenhydrochlorid z. B. 90 bis 97 Proz. der berechneten beträgt. Ein weiterer Vorteil bei Anwendung so hoher Temperaturen ist darin gelegen, daß statt der kohlensauren Alkalien auch alkalische Erden wie Kreide, Dolomit usw. angewandt werden können [3]).

Die Reagenzquantitäten sind derart gehalten, daß gegenüber den bisher besprochenen Verfahren das Phenol in geringerer, das Alkali hingegen in größerer Menge bemessen ist. Es wird nämlich durch Umsetzung des Alkalis im Phenolat mit der Salzsäure des Pinenhydrochlorids stets Phenol frei, das sich sodann mit überschüssigem Alkali zu Phenolat neuerlich umsetzen kann.

Das technische Verfahren gestaltet sich sehr einfach. Es genügt z. B., 106 Tl. Soda, 150 Tl. Phenol und 172,5 Tl. Pinenchlorhydrat im Ölbad auf 150 bis 170° einige Stunden zu erhitzen. Hierauf wird das Camphen abdestilliert oder mit Wasserdampf abgetrieben und kann mit Lauge weiter gereinigt werden. Es resultieren hierbei 97 Proz. der theoretischen Ausbeute an Camphen. Geringer fällt diese bei Anwendung von Erdalkalicarbonaten aus.

Während freies alkoholisches Ammoniak selbst bei 200° C auf Pinenhydrochlorid nach *Brühl* nicht einwirkt [4]), läßt sich nach den Angaben des

Die Angaben des D. R. P. 197 346 besagen, daß beim Arbeiten mit Phenol das durch Wasserdampf abgetriebene Camphen selbst dann mit Phenol verunreinigt ist und danach riecht, wenn vorher Alkali zugesetzt wurde. Ein so gewonnenes Camphen muß zum zweiten Male gereinigt werden.

[1]) D. R. P. 206 619 vom 19. III. 1907.

[2]) *Baumann:* Ber. d. chem. Ges. **10**, 686 (1877).

[3]) Dr. *Aladar Skita:* D. R. P. 230 671 vom 30. X. 1906.

[4]) Ber. d. chem. Ges. **25**, 146 (1892).

D. R. P. 149 791[1]) gleichwohl Camphen, sogar in guter Ausbeute, erhalten, wenn alkoholisches Ammoniak bei höheren Temperaturen und längere Zeit auf das Chlorhydrat, Jodhydrat oder Bromhydrat des Pinens einwirkt. Sogar wässeriges oder gasförmiges Ammoniak erzielt diesen Effekt. — Werden z. B. 10 kg Pinenchlorhydrat mit etwas mehr als der berechneten Menge alkoholischen Ammoniaks während 20 Stunden auf 210 bis 220° C in einem Autoklaven erhitzt, sodann nach dem Erkalten mit Dampf rektifiziert, so ist das erhaltene Camphen vollkommen chlorfrei und erstarrt in der Kälte. Nur etwa 5 Proz. bestehen aus Isobornyläthyläther und werden beim Fraktionieren unter gewöhnlichem Druck oberhalb 160° C gewonnen. — Beim Erhitzen von 10 kg Pinenchlorhydrat mit 8 kg wässerigen Ammoniaks (Dichte 0,910 bei 15° C) während 20 Stunden auf 210 bis 220° resultierten etwa 9 kg chlorfreien Camphens. Um mit gasförmigem Ammoniak zu operieren, ist es zweckmäßig, dem in einem Autoklaven befindlichen Pinenchlorhydrat ein Auflockerungsmittel zuzusetzen, worauf man trocknes, gasförmiges Ammoniak einleitet und 3 bis 4 Stunden auf etwa 210° C erhitzt. Nach dem Erkalten wird abermals Ammoniak eingeleitet, wiederum 3 bis 4 Stunden erhitzt und auf diese Weise noch ein- bis zweimal fortgefahren, bis freies Ammoniak im Autoklaven vorhanden ist.

Erfolgt die Einwirkung des Ammoniaks auf Pinenhydrochlorid in Gegenwart von Phenolen, so ist bei Einhaltung einer Temperatur von 180 bis 220° C die Abspaltung der Salzsäure in 5 bis 6 Stunden beendet[2]); das Ammoniak kann aus dem Chlorammonium regeneriert werden.

Zur Durchführung werden z. B. in 1250 kg Kresol 105 kg Ammoniak (geringer Überschuß über der theoretischen Menge) unter Kühlung eingeleitet; hierauf werden 1000 kg Pinenchlorhydrat zugefügt und im Autoklaven auf 180 bis 220° C 5 bis 6 Stunden erhitzt, wonach das Camphen chlorfrei ist. Das überschüssige Ammoniak wird abgetrieben und in geeigneter Weise aufgefangen. Das resultierende Camphen ist ein rein weißes, festes Produkt in nahezu theoretischer Ausbeute, und das Kresol kann fast quantitativ wiedergewonnen werden.

Nach dem D. R. P. 154 107[3]) können auf Basen der aliphatischen Reihe, insbesondere sekundäre Basen, sowie zyklische Alkylenimide, z. B. Alkylamin, Piperazin und Piperidin usw. halogenwasserstoffabspaltend derart wirken, daß vollkommen chlorfreies Camphen in einer Ausbeute von etwa zu 80 Proz. der Theorie erhalten wird. — Es werden z. B. 100 Tl. Pinenchlorhydrat mit 107 Teilen einer wässerigen 33proz. Lösung von Methylamin und 400 Tl. absoluten Alkohols 8 Stunden auf 210° C erhitzt, worauf zur Bindung der überschüssigen Base mit Schwefelsäure angesäuert, der Alkohol abdestilliert und das Camphen mit Dampf abgetrieben wird. Letzteres erstarrt sogleich und ist vollkommen chlorfrei. Nach einem anderen Rezept werden 100 Tl.

---

[1]) *Chem. Fabrik auf Aktien (vorm. E. Schering):* D. R. P. 149 791 vom 9. VIII. 1901.

[2]) *Rheinische Gummi- und Zelluloidfabrik:* D. R. P. 264 246 vom 17. XII. 1912.

[3]) *Chem. Fabrik auf Aktien (vorm. E. Schering)*, Berlin: D. R. P. 154 107 vom 23. VI. 1901.

Pinenchlorhydrat mit 52 Tl. Dimethylamin, gelöst in 600 Tl. absolutem Alkohol, 12 Stunden auf 200 bis 210° C unter Druck erhitzt und sodann auf gleiche Weise behandelt.

Lauth und *Oppenheim* haben die Einwirkung von Anilin auf Pinenchlorhydrat studiert. Sie fanden, daß sich letzteres in Anilin leicht löst und, solcherart im geschlossenen Rohr auf 150° C erhitzt, ein krystallinisches Produkt bei 40° C schmelzend ergibt, welches nichts anderes als inaktives Camphen repräsentiert, das aber unter diesen Umständen noch nicht chlorfrei ist. Nach der Destillation mit Wasserdampf, durch welche das Camphen abgetrieben wurde, hinterbleibt noch in geringer Menge eine halb flüssige, harzige Masse[1]). Die *Aktien-Gesellschaft für Anilinfarbenfabrikation* hat die Untersuchung dieser Substanz veranlaßt. Es stellte sich heraus, daß sie chlorfrei, aber stickstoffhaltig ist und ihr Entstehen der Einwirkung von Anilin auf intermediär gebildetes Camphen verdankt. Das Produkt ist ein farb- und geruchloses Öl vom Siedep. 300° C.

Nach dem D. R. P. 205 850 läßt sich nun dieses Kondensationsprodukt in Camphen und Anilin durch Erhitzen mit oder ohne Verdünnungsmittel spalten, wonach das Camphen aus dem Reaktionsgemisch heraus fraktioniert oder durch Entfernung des Anilins mit verdünnten Säuren isoliert werden kann.

Zur Ausführung der Reaktion können 10 Tl. des Anilinkondensationsproduktes mit 5 Tl. salzsaurem Anilin (ähnlich wie Anilin wirken dessen Homologe)[2]) erhitzt werden, wobei das abgespaltene Camphen gleichzeitig abdestilliert wird. Nach dem Waschen mit verdünnter Säure erstarrt das Camphen zu einer paraffinartigen Masse. Oder es können 10 Tl. des Aninlinkondensationsproduktes mit 3 Tl. wasserfreier o-Phosphorsäure zur Spaltung erhitzt werden (in ähnlicher Weise wie Phosphorsäure wirken z. B. 6 Tl. calc. Kaliumbisulfat oder Borsäure). Eine Isolierung des Anilinkondensationsproduktes ist nicht erforderlich, da es genügt, das beim Erhitzen von Pinenchlorhydrat mit Anilin oder dessen Homologen entstehende Reaktionsprodukt direkt der fraktionierten Destillation zu unterwerfen, wobei das Camphen abdestilliert.

Die weiteren Untersuchungen haben dazu geführt, daß auch die Einwirkungsprodukte von Toluidin und Xylidin auf Pinenhydrochlorid dargestellt wurden. Das zitierte D. R. P. beschreibt das o-Toluidinderivat als fest und farblos krystallinisch. Von der gleichen Beschaffenheit sind die Derivate des p-Toluidins und m-Xylidins. Alle diese Produkte bilden, in ätherischer Lösung mit Salzsäure behandelt, Chlorhydrate, die, schon mit Wasser zusammengebracht, dissozieren.

In seiner 5. Abhandlung (Untersuchungen über die Terpene und deren Abkömmlinge[3]) führt *Brühl* aus: „Phenylhydrazin und α-Naphtylamin mit dem Hydrochlorid (des Pinens) in offenem Gefäße gekocht, scheinen gar kein

[1]) *Lauth* u. *Oppenheim:* Bull. de la Soc. chim. **1867,** 7.

[2]) *Aktien-Gesellschaft für Anilinfabr.:* D. R. P. 205 850 vom 10. X. 1907.

[3]) Ber. d. chem. Ges. **25,** 147 (1892).

Camphen zu bilden." — Wie das D. R. P. 206 386 jedoch ausführt, dürfte dieser negative Erfolg auf Einhaltung einer Temperatur über 200° C zurückzuführen zu sein, da schon der Siedepunkt des Pinenhydrochlorids bei 210° C, derjenige des a-Naphtylamins aber bei 300° C liegt. Wird die Temperatur jedoch auf 180 bis 200° C beschränkt, so kann nach den Angaben des zitierten Patents sowohl mit α- als auch mit β-Naphtylamin Camphen in guter Ausbeute gewonnen werden[1]). Es genügt z. B., 100 Tl. Pinenchlorhydrat mit 250 Tl. α-Naphtylamin $2^1/_2$ bis 3 Stunden bei 180 bis 200° zu halten. Nach dem Abkühlen werden die Amine durch verdünnte Säuren entfernt und das Camphen wird mit Wasserdampf abgetrieben; (Schmelzp. 43 bis 44°).

Das Verfahren, Pinenchlorhydrat mit einer organischen Base wie Anilin zu erhitzen, hat zu einer Reihe von Patenten insofern angeregt, als auch andere organische Basen zur Abspaltung der Salzsäure aus dem Pinenhydrochlorid benützt werden. Es führt nämlich auch das Erhitzen des Pinenchlorhydrats mit Chinolin oder mit hochsiedenden Pyridinbasen zu einer Umwandlung des Pinenchlorhydrats in Camphen, welche insbesondere bei Wiederholung des Prozesses Ausbeuten von 90 Proz. und darüber ergeben soll[2]). So z. B. werden 200 Gewichtsteile Pinenchlorhydrat und 450 Gewichtsteile Chinolin etwa 7 Stunden lang gekocht. Oder es werden 200 Gewichtsteile Pinenchlorhydrat in 400 Gewichtsteilen Pyridinbasen (Siedep. 180 bis 200° C) gelöst und ca. 10 Stunden gekocht. Nach dem Ansäuern des Reaktionsproduktes läßt sich das Camphen abtrennen und reinigen.

Auch die Alkali- oder Erdalkalisalze organischer Sulfamide wie z. B. Benzolsulfosäureamid, Toluolsulfamid, Äthylsulfamid, Naphtylsulfamid und deren Substitutionsprodukte lassen sich zur Salzsäureabspaltung beim Pinenchlorhydrat verwenden[3]), wobei freilich das Erhitzen im Autoklaven erforderlich ist. Zu 72 kg Natronhydrat in 360 kg Wasser werden z. B. 275 kg p-Toluolsulfamid behufs Überführung in das Natronsalz eingetragen, mit 240 kg Pinenchlorhydrat vermischt und im Autoklaven unter Rühren bis 210° C erhitzt. Es bildet sich Camphen, welches nach dem Abblasen mit Dampf chlorfrei ist. Die Hauptmenge des p-Toluolsulfamids krystallisiert aus, der Rest kann durch Ansäuern quantitativ ausgefällt werden. — Ganz entsprechend arbeitet man mit Benzolsulfamid.

Will man Phenolsulfosäuren auf Pinenhaloidhydrat einwirken lassen[4]), so fügt man 60 kg Pinenchlorhydrat zu einer Lösung von 100 kg phenolsulfosaurem Natron und 25 kg Natronhydrat in 200 kg Wasser und erhitzt 8 Stunden im Autoklaven auf 210° C. (Das phenolsulfosaure Natron kann durch 140 kg β-naphtolsulfosaures Natron ersetzt werden.)

Weiterhin vermögen die Alkali- und Erdalkalisalze der aromatischen Sulfosäuren auf Pinenchlorhydrat Salzsäure abspaltend zu wirken, so daß

---

[1]) *Act. Ges. f. Anilinfarben-Fabrikation:* D. R. P. 206 386 vom 14. II. 1907.

[2]) Dr. *Charles Weizmann* u. *The Clayton Anilin Co. Lmtd.:* D. R. P. 197 163 vom 8. IX. 1906.

[3]) *Chem. Fabrik auf Aktien (vorm. E. Schering):* D. R. P. 197 346 vom 16. I. 1907.

[4]) *Chem. Fabr. auf Aktien (vorm. E. Schering):* D. R. P. 197 805 vom 16. I. 1907.

man auf diese Weise chlorfreies Camphen bei niedrigen Temperaturen gewinnen kann; da die zugesetzten sulfosauren Salze sich ohne Reinigung und Verluste mehrmals hintereinander verwenden lassen[1]), so ist das Verfahren sehr ökonomisch. Die Abspaltung soll quantitativ erfolgen, wenn das Pinenchlorhydrat mit einem kleinen Überschuß an Natronlauge auf 160°, z. B. in Gegenwart einer konzentrierten Lösung von p-toluolsulfosaurem Natrium durch einige Stunden erhitzt wird. Die Beschleunigung der Verseifungsgeschwindigkeit wurde ganz allgemein für Alkali- und Erdalkalisalze der nicht hydroxylierten Arylmono- und Polysulfosäuren festgestellt, wobei es sich zeigte, daß sie bei Alkalien größer ist als bei Erdalkalien. Die Arbeitsweise ist ungefähr die gleiche für die verschiedenen Salze und im allgemeinen die folgende: Zur technischen Durchführung erhitzt man das Pinenchlorhydrat im Autoklaven unter Rühren mit mehr oder minder konzentrierten Lösungen eines sulfosauren Salzes und der nötigen Menge Alkalilauge 12 bis 20 Stunden auf 160 bis 170° C.

So sind z. B. zu 173 Tl. Pinenchlorhydrat 250 Tl. p-toluolsulfosaures Natron, 215 Tl. Natronlauge (33 proz.) und 180 Tl. Wasser erforderlich; es lassen sich auch statt des p-toluolsulfosauren Natrons gleiche Gewichtsmengen β-naphtalinsulfosaures Natron oder naphthalindisulfosaures Natron verwenden. Das nach Vollendung der Reaktion resultierende halbfeste krystallinische Gemisch wird in wenig Wasser gelöst, worauf das Camphen mit Wasserdampf abdestilliert wird; nach dem Filtrieren der zurückbleibenden Lösung können die sulfosauren Salze durch Eindampfen oder Aussalzen zurückgewonnen werden.

Wie *A. Roesler*[2]) fand, läßt sich auch bequem durch (24stündiges) Erhitzen von Pinenchlorhydrat mit meta- und pyroborsauren Salzen, Silikaten, Phosphaten oder Arseniaten in wässeriger Lösung unter Druck die Salzsäure quantitativ abspalten und chlorfreies Camphen gewinnen.

Zu 10 kg Pinenchlorhydrat sind z. B. 13,8 kg ($1^1/_4$ Mol.) krystallisierter Borax und 15 l Wasser erforderlich. Nach dem Erhitzen im Autoklaven auf 220° C und nachherigem Erkalten kann das Camphen mit Dampf abgetrieben werden. (Siedepunkt unterhalb 160° C. Ausbeute: 97 Proz. der theoretischen.)

Weder die Methode *Wallachs*, noch die jenige von *Marsh* und *Stockdale*[3]), Pinenchlorhydrat mit Natriumacetat auf 200 oder 250° C zu erhitzen, liefern technisch befriedigende Ausbeuten an Camphen. Dazu kommt, daß selbst bei Einhaltung einer Temperatur von 250° C noch geringe Mengen von Pinenchlorhydrat nicht umgesetzt sind, so daß ein derart gewonnenes Camphen noch chlorhaltig ist.

Wie *Basler & Co.* zeigten[4]), wirkt getrocknetes Bleiacetat in Gegenwart freier Essigsäure auf Pinenchlorhydrat unter bestimmten Bedingungen besser

---

[1]) *Chem. Fabr. vorm. Sandoz* in Basel: D. R. P. 204 921 vom 3. V. 1907.

[2]) D. R. P. 205 295 vom 26. I. 1908.

[3]) *Wallach:* Ann. d. Ch. **239**, 6. *Marsh* u. *Stockdale:* Journ. of the chem. Soc. **57**, 965.

[4]) D. R. P. 212 901 vom 2. VI. 1904.

als Natriumacetat ein, aber die Reaktion im offenen Gefäße erfordert zwei Moleküle Bleiacetat, wobei sich ein Acetochlorid des Bleies bildet, während für das Arbeiten im Autoklaven ein Molekül ausreichend ist.

In einem Autoklaven werden z. B. 516 Tl. Pinenchlorhydrat und 460 Tl. getrocknetes Bleiacetat in 1500 Tl. Essigsäure gelöst und im Ölbade 2 Stunden auf 140° C erhitzt, worauf nach dem Erkalten und Filtrieren im Vakuum bis zu 90° C destilliert wird. Läßt man durch Abkühlen einen möglichst großen Teil der Essigsäure auskrystallisieren, so kann man die Krystalle durch Absaugen oder Zentrifugieren abscheiden und aus dem flüssigen Anteil nach der Neutralisation das Camphen mit Wasserdampf abdestillieren. Solange die Temperatur auf 140° C bleibt, besteht das Reaktionsprodukt der Hauptsache nach aus Camphen; wird aber beim Erhitzen im Autoklaven während mehrere Stunden eine Temperatur von 180° eingehalten, so bilden sich hauptsächlich Bornyl- und Isobornylacetate, deren Menge mit zunehmender Temperatur ansteigt. Auch beim Nacharbeiten der französischen Patentschrift 349 896, welche angibt, daß beim Kochen des Pinenhydrochlorids mit Eisessig und Bleiacetat Camphen in guter Ausbeute entstehe, konnte die Basler chemische Fabrik selbst nach dreißigstündigem Kochen nur ein Gemenge von Camphen, Isobornylacetat und Pinenhydrochlorid feststellen; aber auch nach sechzigstündigem Kochen wurde noch die Anwesenheit von Pinenhydrochlorid nachgewiesen. Es war eben Erhitzen im Autoklaven erforderlich, um chlorfreies Camphen neben viel Isobornylacetat zu gewinnen. Die *Basler chemische Fabrik* hat weiter gefunden, daß die leicht schmelzbaren Schwermetallsalze des Kupfers, Mangans, Bleis, Quecksilbers usw. im Vereine mit höheren Fettsäuren (Palmitinsäure, Stearinsäure und Ölsäure) imstande sind, Pinenhydrochlorid in kurzer Zeit in chlorfreies Camphen überzuführen, so daß es genügt, Pinenhydrochlorid mit solchen leicht schmelzbaren, wasserfreien Fettsäuresalzen einige Stunden auf etwa 200° C zu erhitzen[1]). — Die Operation erfolgt in Kochgefäßen, auf welche eine Kolonne von solcher Größe als Rückflußkühler aufgesetzt ist, daß die Temperatur im Innern der Reaktionsmasse auf 200° C gesteigert werden kann; das Camphen wird nach vollendeter Reaktion mit Wasserdampf abdestilliert.

Um ein solches Bleisalz herzustellen, werden z. B. 75 Tl. Bleiglätte mit 200 Tl. Stearinsäure derart verschmolzen, daß das Reaktionswasser vollständig entfernt wird; nun werden 100 Tl. Pinenhydrochlorid zugesetzt, worauf 4 Stunden lang in dem oben beschriebenen Gefäß auf 195 bis 200° C erhitzt wird. Das erst ausgeschiedene Chlorbleiacetat setzt sich weiterhin mit dem Pinenhydrochlorid unter Bildung von Bleichlorid, Stearinsäure und Camphen um, und letzteres kann nach dem Abkühlen mit Wasserdampf abdestilliert, die Stearinsäure kann abgeschieden und neuerdings verwendet werden. Ist man im Zweifel, ob die Reaktion vollendet ist, so zeigt die Abwesenheit von Chlor in dem im Rückflußkühler kondensierten Öl das Ende derselben an.

---

[1]) *Basler chem. Fabr.:* D. R. P. 185 042 vom 4. V. 1906.

Auch ein z. B. durch Fällen einer Oleinseifenlösung mit Mangansulfat erhaltenes Manganoleat eignet sich zur Abspaltung der Salzsäure, aber es ist hierbei zweckmäßig, Diäthylanilin als Verdünnungsmittel zuzusetzen. So z. B. werden 240 Tl. Manganoleat m t 100 Tl. Pinenhydrochlorid und 100 Tl. Diäthylanilin 8 Stunden bis zur Vollendung der Reaktion auf 195 bis 200° C erhitzt, worauf das Camphen mit Diäthylanilin zusammen durch Wasserdampf abgetrieben wird; letzteres läßt sich vom Camphen durch Behandlung mit verdünnten Säuren entfernen.

Wird Pinenchlorhydrat mit Fettsäuren und fettsaurem Zink erhitzt, so spaltet sich zwar neben Isobornylestern Camphen ab, allein die Ausbeute ist technisch unbefriedigend, weil das durch Umsetzung entstandene Chlorzink Kondensationen hervorruft, welche sich insbesondere, wie das D. R. P. 268 308 ausführt, beim Abdestillieren der Fettsäuren derart äußern, daß diese kaum zurückgewonnen werden können. Die schädliche Einwirkung des Chlorzinks kann jedoch beseitigt werden, wenn man ein solches fettsaures Salz zugibt, das sich mit Chlorzink in das betreffende Chlormetall unter Bildung des fettsauren Zinksalzes umzusetzen vermag, z. B. Alkali- oder Bleiseifen[1]). — Trotzdem ist eine gewisse Menge an Chlorzink erforderlich, um das Pinenhydrochlorid vollständig entchloren zu können, da es sich nämlich gezeigt hat, daß beim sofortigen Zusatz der gesamten Menge an fettsaurem Salz es auch bei tagelangem Erhitzen nicht gelingt, ein chlorfreies Produkt zu erhalten. Demnach empfiehlt es sich, erst die Entchlorung vorzunehmen und sodann erst das zweite fettsaure Salz zuzusetzen. Nach kurzem Durchrühren des Gemisches geht sodann das Abdestillieren der überschüssigen Fettsäure glatt vor sich. — Noch besser ist es, gleich zu Beginn des Prozesses ungefähr die Hälfte der erforderlichen Menge an fettsaurem Salze, den Rest hingegen nach beendeter Reaktion zuzufügen. Bei dieser Art des Prozesses besteht das entchlorte Produkt aus einem Gemisch von Camphen und Fettsäureisobornylester.

Es werden z. B. 172 Tl. Pinenchlorhydrat mit 45 Tl. Zinkoxyd, 40 Tl. geschmolzenem Natriumacetat und 500 Tl. Eisessig 10 bis 12 Stunden unter Rühren am Rückflußkühler zum Sieden erhitzt; nach dem Hinzufügen weiterer 42 Tl. geschmolzenen Natriumacetats wird noch eine halbe Stunde gerührt. Nach Stehen über Nacht ist durch das gebildete Natriumchlorid das Reaktionsprodukt ausgesalzen, wird daher abgezogen und von beigemengter Essigsäure in geeigneter Weise befreit. Das entstandene Eisessigacetatgemisch kann neuerdings benützt werden.

Wie bereits dargetan, wurde von *Wagner* und *Brickner* durch Abspaltung von Jodwasserstoff aus Bornyljodid ein dem Camphen isomerer Kohlenwasserstoff, das Bornylen entdeckt[2]).

Kondakow[3]) hat nun ein Verfahren ausgearbeitet, um aus ätherischen Ölen, welche Rechtspinen enthalten (russischem, schwedischem, polnischem, eng-

[1]) Dr. *C. Rüder:* D. R. P. 268 308 vom 24. II. 1912.

[2]) *Wagner* u. *Brickner* l. c.

[3]) *Iwan Kondakow:* D. R. P. 215 336 vom 21. VI. 1908.

lischem oder amerikanischem Terpentinöl), Bornylen herzustellen. Zu diesem Zwecke wird das Rechtspinen aus den ätherischen Ölen isoliert und mit Chlorwasserstoff entweder in Gegenwart eines Lösungsmittels, oder ohne ein solches in das feste Chlorhydrat übergeführt. Je nach den Bedingungen, unter welchen die Behandlung mit Chlorwasserstoff erfolgt, kann das Chlorhydrat unabhängig vom Ausgangsprodukte verschiedenes Drehungsvermögen besitzen. Aus diesem Pinenchlorhydrat kann Chlorwasserstoff durch Alkalien in Gegenwart von Methyl- oder Äthylalkohol, bzw. durch Alkalimethylat oder -äthylat abgespalten werden; dann entsteht Bornylen neben Camphen; die Mengenbeziehung dieser beiden hängt vom spezifischen Drehungsvermögen des Ausgangschlorhydrats ab; war letzteres +30°, so entsteht ausschließlich Camphen; ein Chlorhydrat geringen Drehungsvermögens erzeugt ein Gemisch von Bornylen und Camphen. Letzteres beträgt 50 Proz. des Reaktionsproduktes, falls das benützte Pinenchlorhydrat ein spezifisches Drehungsvermögen von + 18° besaß. Um nur Camphen zu erhalten, werden z. B. 18 Teile Rechtspinenchlorhydrat (maximalen Drehungsvermögens) im Autoklaven mit etwa 20 Tl. Ätzkali und 30 Tl. Methyl- oder Äthylalkohol bei 190° bis 200° C 5 Stunden erwärmt. Es resultieren 12 Tl. reines Bornylen.

Bei anders gearteter Abspaltung des Chlorwasserstoffs aus Rechtspinenchlorhydrat kann Rechtscamphen entstehen.

Um das Camphen von Bornylen in den vorher beschriebenen Produkten zu trennen, kann nach dem von *Wagner* und *Brickner* angegebenen Verfahren eine Umwandlung des Camphens in Isobornylacetat nach dem Verfahren *Bertram* und *Walbaum* vorgenommen werden; wird der Rohkohlenwasserstoff mit Essigsäure und Schwefelsäure behandelt, so bleibt Bornylen fast unangegriffen und bei der fraktionierten Destillation im Rückstande. In gleicher Weise kann die Trennung erfolgen, wenn vorher durch Behandlung mit Lauge die Isobornylester zu Isoborneol verseift werden.

Bestimmung der Menge des Pinenchlorhydrats, das sich der Umwandlung in Camphen entzogen hat:

Nach *Hesse*[1]) kann das bei einer Reaktion unverändert gebliebene Ausgangsmaterial durch eine Chlorbestimmung nach *Carius* ermittelt werden. Der mit 5 multiplizierte (20 Proz. des Terpenchlorhydrats betragende) Chlorgehalt des Reaktionsproduktes ergibt die Menge an unverändertem Ausgangsmaterial.

Technische Herstellung von Borneol und Isoborneol aus Camphen.

Das wichtigste auch unter den technischen Verfahren zur Herstellung von Isoborneol ist dasjenige von *Bertram* und *Walbaum*. Ein Gemisch von 100 Tl. Camphen, 250 Tl. absolutem Eisessig und 10 Tl. 50 proz. Schwefelsäure wird einige Stunden bei 50 bis 60° C so lange gerührt, bis vollständige Lösung eingetreten ist. Nunmehr wird die Schwefelsäure durch Bariumacetat aus-

---

[1]) *Hesse:* Ber. d. chem. Ges. **39**, 1139 (1906).

gefüllt und die Essigsäure durch Destillation wieder gewonnen. Die Verseifung des Isobornylacetats erfolgt auf übliche Weise.

Um aus Camphenen Isobornylester herzustellen, wenden *Verley*, *Urbain* und *Feige*[1]) eine 60 bis 66proz. Schwefelsäure derart an, daß zu 450 Tl. dieser Säure 100 Tl. Camphen, sowie 100 Tl. konzentrierte Essigsäure zugefügt werden, worauf die Mischung bei einer Temperatur von 20 bis 30° C noch in Mischapparaten behandelt wird. Nach beendigter Reaktion teilt sich das Produkt in zwei Schichten, deren obere aus Isobornylacetat mit Spuren Borneols, deren untere aus Schwefelsäure mit Essigsäure besteht. Das Isobornylacetat wird weiter verarbeitet, die Schwefelsäure durch die zur Veresterung notwendige Menge Essigsäure ergänzt und neuerdings verwendet, wodurch nur die theoretische Menge Essigsäure zur Benützung gelangen soll. — *Kachler* und *Spitzer* haben Camphen mit verdünnter Schwefelsäure mehrere Tage im geschlossenen Rohr erhitzt und sind zu geringen Mengen eines Produktes gelangt, welches nur Isoborneol gewesen sein konnte[2]). In der Tat läßt sich Camphen durch saure Agentien in Isoborneol überführen. — Um die Ausbeute zu erhöhen, arbeitet *Schmitz* mit Verdünnungsmitteln, welche sowohl Wasser als auch Camphen lösen. *Schmitz* bemerkt ferner, daß das Reaktionsgemisch keine einheitliche Lösung vorstellen muß, sondern aus zwei verschiedenen Schichten bestehen kann, wobei jede von ihnen sämtliche Ingredienzien enthält[3]). Solche Verdünnungsmittel sind durch Aceton, Methylaethylketon oder Äther gegeben. Die Ausbeute an Isoborneol nach einer Operation beträgt 30 bis 40 Proz. und steigt durch Weiterverarbeitung des unangegriffenen Camphens auf etwa 90 Proz. Weitere Versuche haben gelehrt, daß die Hydratisierung des Camphens sich nicht nur mit Phosphorsäure, Salzsäure usw., sondern auch mit organischen Sulfosäuren bewerkstelligen läßt, so daß zur Durchführung der Reaktion z. B. 50 kg Camphen mit 20 kg Wasser, 10 kg 30proz. Benzolsulfosäure und 250 kg Aceton oder Äther 5 Stunden unter Rühren im geschlossenen Gefäß auf 100° C erhitzt werden; das entstandene Isoborneol kann in üblicher Weise isoliert werden.

Nach dem D. R. P. 223 795 werden Terpene von wäßrigen Lösungen von Sulfosäuren unter Wasseranlagerung allmählich gelöst. Man kann auf diese Weise die Hydratation der Terpene bewirken, also direkt zu Alkoholen gelangen, ohne erst die Ester darstellen und verseifen zu müssen[4]). Verdünnt man das fertige Reaktionsgemisch mit Wasser, so scheiden sich die Alkohole ab und können weiter gereinigt werden. Als Vorteil der Anwendung von Sulfosäuren wird hervorgehoben, daß selbst bei erheblichen Konzentrationen nur wenig Harze entstehen und das optische Drehungsvermögen geschont wird.

Um Isoborneol herzustellen, wird 1 Gewichtsteil Camphen mit 6 Tl. 65proz. wäßriger, schwefelsäure- und salzfreier Toluolsulfosäure ungefähr 20 Stunden bei 18 bis 20° C gerührt. Nunmehr wird vom Ungelösten abfil-

---

[1]) *Albert Verley, Edouard Urbain* u. *André Feige:* D. R. P. 207 156 vom 23. VI. 1907.
[2]) Vgl. Ann. d. Ch. **200**, 354.
[3]) Dr. *Schmitz* & *Co.:* D. R. P. 212 893 vom 20. XII. 1906.
[4]) *Terpinwerk* in Uerdingen a. Rh.: D. R. P. 223 795 vom 11. VI. 1907.

triert und unter Umrühren in 15 Tl. Wasser einlaufen gelassen, worauf das ausgeschiedene Isoborneol nach dem Waschen und Neutralisieren mit Wasserdampf übergetrieben und aus Benzin umkrystallisiert wird. Da mit dem Fortschreiten der Isoborneolbildung die Säure unverändertes Camphen zu lösen imstande ist, enthält das ausgeschiedene, rohe Isoborneol etwas Camphen.

Die Umsetzung des Camphens zu Isobornylestern erfolgt keineswegs quantitativ. Nach den Ausführungen des D. R. P. 229 190 rührt dies daher, daß die Reaktionslösung bei Anwendung mancher Säuren z. B. Oxalsäure oder wässeriger Phosphorsäure als Kondensationsmittel inhomogen ist.

Schindelmeiser versuchte die Esterifizierung von Camphen mit Fettsäuren glatt und in quantitativer Ausbeute dadurch zu bewirken, daß er als Kondensationsmittel Phosphorsäureanhydrid anwandte und jeden Zusatz von Wasser vermied[1]). Das Verfahren gestaltet sich äußerst einfach, da es genügt, 100 Tl. Camphen mit 70 Tl. Eisessig und 5 Tl. Phosphorsäureanhydrid zu mischen, einige Stunden stehenzulassen und weitere 5 bis 6 Stunden auf 40 bis 50° C zu erwärmen, um sodann quantitativ Essigsäureisoborneolester zu erhalten.

Die Beobachtungen von *Wagner* und *Brickner*, daß Isoborneol sich durch Kochen mit Natrium in Xylollösung in Borneol umwandeln läßt[2]), hat *Schmitz* erweitert und zu einem technischen Verfahren ausgearbeitet; es beruht darauf, daß die Umwandlung des Isoborneols in Borneol mit zunehmender Temperatur fortschreitet und daß sie quantitativ wird, wenn Isoborneol mit Alkali- oder Erdalkalimetallen und indifferenten Lösungsmitteln wie Toluol, Benzin usw. im Autoklaven etwa 15 Stunden auf 250 bis 274° C erhitzt wird[3]). Auch Alkalialkoholate bewirken in Gegenwart von Alkohol oder eines indifferenten Lösungsmittels bei Temperaturen von 290 bis 300° C die gleiche Umlagerung. Die Säureester des Isoborneols (z. B. Isobornylacetat), lassen sich mit Alkalialkoholat direkt in Borneol umwandeln. Nach dem zit. D. R. P. ist das auf diese Weise hergestellte Borneol frei von harzigen Verunreinigungen und bleibt beim Kochen mit Methylschwefelsäure unverändert, so daß die Umsetzung eine quantitative ist.

Zu 15,4 kg Isoborneol genügen 2,3 kg Natrium und 50 kg Toluol (oder Benzin). Es wird unter Rühren am Rückflußkühler gekocht, bis das Natrium in Reaktion getreten ist. Nunmehr wird im geschlossenen Gefäß 15 Stunden auf 250 bis 270° C erhitzt und nach dem Erkalten und Behandeln mit Wasser das Toluol vom Borneol durch Destillation getrennt. Um z. B. 19,7 kg Isobornylacetat in Borneol überzuführen, werden diese mit 4 kg Natronhydrat und 0,5 kg Natrium in 30 l Alkohol 15 Stunden auf 290 bis 300° C erhitzt. Nach dem Erkalten wird der Alkohol abdestilliert und das Alkali mit Wasser ausgewaschen, wonach Borneol zurückbleibt.

---

[1]) *Johann Robert Schindelmeiser:* D. R. P. 229 190 vom 4. III. 1909.

[2]) Vgl. *Hesse:* Ber. d. chem. Ges. **39**, 1142.

[3]) Dr. *Schmitz & Co.:* D. R. P. 212 908 vom 16. XI. 1906.

Direkte Überführung von Pinenhydrochlorid in Borneol und Isoborneol.

Die Möglichkeit, direkt vom Pinenchlorhydrat zu einem Campheralkohol zu gelangen, würde selbst dann von Vorteil sein, wenn man den Umweg über den zugehörigen Ester machen müßte, weil auf jeden Fall ein Zwischenprodukt, das Camphen, ausgeschaltet ist. Sie war vorhanden, da *Marsh* u. *Stockdale* das Pinenhydrochlorid in Bornylacetat übergeführt hatten, indem sie ersteres mit Natriumacetat und Eisessig auf 200° C erhitzten. Dieses Verfahren konnte sogar die Aussicht auf technische Darstellungsmöglichkeit haben, weil es weniger kostspielige Reagentien erforderte als dasjenige, welches bereits früher von *Kachler* und *Spitzer* angewandt worden war [1]), welche angeben, das Reduktionsprodukt des Campherdichlorids durch Silberacetat und etwas Eisessig in geschlossenem Rohre durch Erhitzen während 10 Stunden auf 70° C in Bornylacetat übergeführt zu haben [2]).

Bei Versuchen dieser Art muß man sich vor Augen halten, daß die Halogenwasserstoffadditionsprodukte des Pinens, insbesondere das Chlorhydrat, überaus beständige Verbindungen sind, deren Halogenatom nur schwer durch Basen, und zwar nur bei Temperaturen oberhalb 160 bis 180° C abgespalten werden kann; wie schwierig die Herstellung von Isobornylestern durch molekulare Umsetzung zwischen Pinenchlorhydrat und dem Metallsalze einer organischen Säure erfolgt, geht daraus hervor, daß *Wagner* und *Brickner* [3]) selbst durch mehrwöchiges Erhitzen von Pinenhydrochlorid in Eisessiglösung mit Silberacetat im Wasserbade nur ein Gemenge von viel Camphen mit wenig Isobornylacetat (70 g aus 400 g Chlorid) erzielen konnten [4]). Auch nach dem Franz. Patent 349 896 kann durch Kochen von Pinenhydrochlorid in Eisessiglösung mit Bleiacetat nur Camphen und erst durch Erhitzen im Autoklaven auf 180° C ein Gemenge von Bornyl- und Isobornylacetat erhalten werden.

Die Bildung von Isoborneol neben Camphen ist bei Anwesenheit organischer Säuren nicht befremdend, da bei allen Umsetzungen zu Camphen, welche in saurem Medium erfolgen, auch die Anwesenheit dieses Alkohols in mehr oder minder großer Menge festgestellt wurde und dessen Auftreten als sekundäre Reaktion des Camphens aufgefaßt werden muß.

So vermag, wie *Wendt* [5]) ausführt, wässerige Phosphorsäure (1 Tl. glasige Phosphorsäure in 2 Tl. Wasser) mit Pinenchlorhydrat erhitzt, Salzsäure ab-

---

[1]) *Kachler* u. *Spitzer:* Ann. d. Ch. **200**, 352 (1880).

[2]) Diese Umsetzung geht keineswegs glatt vor sich, da bei der Destillation bis 160° C auch Camphen überging, ferner von 220° C ab ein Öl vom Siedep. 221° C.

[3]) *Wagner* u. *Brickner:* Ber. d. chem. Ges. **32**, 2309 (1899).

[4]) Ob die Umsetzung in neutralem oder alkalischem Medium besser vor sich geht, ist fraglich; jedenfalls muß Kenntnis davon genommen werden, daß nach dem Engl. P. 5549 ex 1904 Pinenhydrochlorid mit oxylsaurem oder ameisensaurem Alkali oder Erdalkali, ferner Alkalihydroxyd und Alkohol 10 Stunden im Autoklaven auf 120° C erhitzt, nach dem Verjagen des Alkohols und Ansäuerung Borneol (*Richardson*) und nach dem Fr. Pat. 349 852 von *Dubosc* und *Piquet* Pinenhydrochlorid beim Schmelzen mit Formiaten Bornylformiat liefern soll.

[5]) Dr. *Gustav Wendt:* D. R. P. 207 888 vom 23. VI. 1908.

zuspalten, wenngleich sie bei längerer Einwirkung Nebenreaktionen hervorruft und sich daher durch dieselbe eine gute Ausbeute an Camphen nicht erzielen läßt. Hingegen kann aus Pinenchlorhydrat durch glasige Phosphorsäure der Chlorwasserstoff quantitativ abgespalten und ausgetrieben werden, und, wird neben Phosphorsäure außerdem eine organische Säure, z. B. Eisessig verwendet, so entsteht zwar wenig Camphen, hingegen resultieren die entsprechenden Isobornylester fast quantitativ. Anderseits läßt sich auch die Menge des zu erzielenden Camphens regeln, da sie mit der Dauer des Erhitzens ansteigt. Das aus dem Isobornylester durch Verseifen mit alkoholischer Lauge gewonnene Isoborneol schmilzt jedoch, wie *Wendt* hervorhebt, bedeutend niedriger als das reine Produkt. Zur Durchführung der Reaktion werden auf 1 Tl. Pinenchlorhydrat 2 Tl. Eisessig und $^1/_2$ Tl. glasiger Phosphorsäure verwendet und nach dem Erhitzen am Rückflußkühler auf etwa 150 °C, während einiger Stunden wird nochmals $^1/_2$ Tl. glasige Phosphorsäure zugefügt. Das Entweichen der Salzsäure währt im Durchschnitt zwischen 14 bis 24 Stunden.

Auch das Erhitzen des Pinenchlorhydrats mit Eisessig und gewöhnlichem Natriumacetat, welches zu Camphen führt, ergibt daneben auch Isobornylacetat in geringer Ausbeute. Die Menge an Isobornylestern kann jedoch erhöht werden, wenn man dem Reaktionsgemisch Zinksalz in geringer Menge beifügt.

Der Zusatz von Zinkchlorid oder eines anderen Zinksalzes bewirkt die Umsetzung des intermediär entstehenden Camphens zu Isobornylacetat; dieselbe Reaktion führt auch bei fortgesetztem Erhitzen von Pinenchlorhydrat in Eisessig mit Zinksalzen allein zur Bildung von Isobornylacetat. Beim Zusatz von Natriumacetat jedoch geht die Umsetzung im Autoklaven innerhalb 2 Stunden mit nur geringer Verharzung vor sich und erfolgt nicht unökonomisch, da die Menge des verwendeten Zinksalzes 10 Proz. der theoretischen nicht zu übersteigen braucht.

Weizmann, welcher das Verfahren ausgearbeitet hat, nimmt eine katalytische Wirkung des Zinksalzes an, da dessen Menge zur Ausbeute an Camphen und Isobornylester, welche etwa 90 Proz. der theoretischen beträgt, in kein molekulares Verhältnis zu bringen ist.

Werden z. B. 100 Tl. Pinenchlorhydrat, 100 Tl. wasserfreies Natriumacetat, 300 Tl. Eisessig und 8 Tl. wasserfreies Zinkacetat im Autoklaven $1^1/_2$ Stunden lang auf 180 bis 200° C erhitzt, so steigt beim Eingießen in Wasser das Reaktionsprodukt an die Oberfläche; mit Sodalösung gewaschen, getrocknet und im Vakuum fraktioniert, ergibt es 40 Tl. Camphen und 20 Tl. Isobornylacetat. Wendet man 16 Tl. wasserfreies Zinkacetat an und erhitzt 6 Stunden bei 200° C, so erhält man 38 Tl. Camphen und 36 Tl. Isobornylacetat, während die Menge des Harzes 4 Tl. beträgt[1]).

Nach *Weizmann* genügt für 50 Gewichtsteile Pinenchlorhydrat und 200 Gewichtsteile Eisessig ein Zusatz von 2 Gewichtsteilen wasserfreien Zinkchlorids, um durch Erhitzen das Entweichen der gasförmigen Reaktionssalz-

---

[1]) Dr. *Charles Weizmann:* D. R. P. 205 849 vom 14. VIII. 1906.

säure herbeizuführen. Nach der erfolgten Destillation der überschüssigen Essigsäure wird das ölige Isobornylacetat im Vakuum rektifiziert[1]). Der Erfinder hebt jedoch hervor, daß das entstehende Produkt nicht chlorfrei ist, und daß bei weiterer Aufarbeitung durch Verseifung des Esters, Oxydation des Isoborneols zu Campher und Reinigung des Endproduktes sich der Chlorgehalt nur auf $^1/_2$ Proz. verringert. Auch hier veranlaßt die verhältnismäßig geringe Menge des angewandten Chlorzinks von noch nicht 1 Proz. der gesamten Reaktionsmengen *Weizmann*, diesen Prozeß zu den katalytischen zu zählen.

Wie das D. R. P. 194767 ausführt, wird jedoch nach dem beschriebenen Verfahren die Ausbeute an Isobornylacetat beeinträchtigt, da große Mengen von Harzen und Kohlenwasserstoffen entstehen. Wohl aber läßt sich eine nahezu theoretische Ausbeute, sowie die Vermeidung aller Nebenprodukte erzielen, wenn man Chlorzink im Verein mit Kobaltchlorür auf eine Eisessiglösung von Pinenhydrochlorid einwirken läßt und 20 bis 30 Stunden am Rückflußkühler kocht, was um so bemerkenswerter ist, als Kobaltchlorür allein unter gleichen Bedingungen mit Hydrochlorpinen und organischen Säuren nicht zu reagieren vermag. In gleicher Weise wie der Zusatz von Kobaltchlorür wirkt ein solcher von salz- und schwefelsauren Salzen des Nickels, Kupfers, Mangans, Aluminiums, Eisens und Cadmiums; für das Gelingen der Reaktion ist jedenfalls der Zusatz solcher Salze erforderlich, deren Säure stärker als Essigsäure ist[2]). Es kann nämlich nach dem D. R. P. 184 635 Pinenhydrochlorid in Isobornylacetat zwar übergeführt werden, wenn es mit Zink-, Kupfer- oder Eisenacetat und einem Überschuß von Essigsäure allein erhitzt wird, aber der Zusatz von Chlorzink erleichtert die Reaktion.

Wendet man auf 172 Tl. Pinenhydrochlorid 500 Tl. Eisessig oder Ameisensäure und 45 Tl. Zinkoxyd an, so kann schon nach 20stündigem Digerieren im Wasserbade das aus Wasser ölig ausgeschiedene Isobornylacetat in üblicher Weise gereinigt und im Vakuum rektifiziert werden. Kocht man am Rückflußkühler, so ist die Reaktion schon nach 1 bis 2 Stunden vollendet. Anderseits ist es nicht erforderlich, Zinkacetat in irgendeiner Form anzuwenden, da auch Zinksalze der Mineralsäuren und organischen Sulfosäuren, ferner organischer Säuren, welche stärker als Fettsäuren sind, z. B. Oxalsäure, zur Reaktion verwendet werden können[3]). Zweckmäßig sollen z. B. 172 Tl. Pinenhydrochlorid, 500 Tl. Ameisensäure (98/100), 161 Tl. wasserfreies Zinksulfat 20 Stunden am Rückflußkühler gekocht werden, um die Ester vollständig chlorfrei zu gewinnen.

Wird Zinknitrat, -chromat usw., kurz ein Zinksalz oxydierender Säuren angewendet, so erfolgt weitere Oxydation des entstandenen Isobornylesters zu Campher.

---

[1]) Dr. *Charles Weizmann:* D. R. P. 207 155 vom 5. IV. 1906. Nach der Patentschr. soll die Ausbeute nach diesem Verfahren 70% der theoretischen betragen.

[2]) *Chem. Fabrik von Heyden A. G.:* D. R. P. 194 767 vom 27. X. 1905.

[3]) *Chem. Fabrik von Heyden A. G.:* D. R. P. 196 017 vom 17. II. 1906. Zus. z. D. R. P. 184 635.

Nach dem D. R. P. 189 261 ist es auch möglich, statt der Schwermetallsalze die fettsauren Salze der Erdalkalimetalle anzuwenden, jeodch ist auch hier ein Zusatz von Chlorzink erforderlich[1]), statt dessen aber auch Eisen-, Kupfer- oder Aluminiumchlorid verwendet werden kann[2]).

Gelangen auf 172 Tl. Pinenhydrochlorid 500 Tl. Eisessig und 40 Tl. Magnesiumoxyd 30 Tl. Chlorzink oder Eisenchlorid zur Anwendung, so muß 24 bis 30 Stunden am Rückflußkühler gekocht werden.

In Gegenwart von Chlorzink kann auch Bleioxyd zur Anwendung kommen, da sich hierbei Zinkacetat bildet. Dieses aber und die Erdalkalimetalle können auch durch Antimonoxyd, Arseniksäureanhydrid, Titanoxyd und Vanadinoxyd, noch vorteilhafter aber durch deren Mineralsalze, z. B. Antimonsulfat, Titansulfat, Vanadinchlorid, Vanadinsulfat[3]) ersetzt werden.

Um ein absolut chlorfreies Isobornylacetat schon bei 100° C zu gewinnen, ist es nach dem D. R. P. 214 042 am besten, wenn man Pinenchlorhydrat in organischen Säuren gelöst, unter Zusatz metallischen Zinks in Blechform auf dem Wasserbade erwärmt[4].) Vom Momente des Zusatzes von Zink bis zur vollständigen Entchlorung tritt fortdauernde Wasserstoffentwicklung unter Aufhellung der anfangs dunklen Lösung ein. Zur Durchführung einer glatten Reaktion ist es geboten, bei einer Temperatur zwischen 40° und 95° C die vollständige Entchlorung durch 18 bis 20stündiges Erwärmen zu bewirken. Wird die organische Säure unter vermindertem Drucke abdestilliert, so kann die Ausbeute nach diesem Verfahren dann theoretisch sein, wenn die organischen Säuren in konzentrierter Form angewendet werden; anderenfalls ist die Bildung geringer Mengen Camphen nicht ausgeschlossen.

Daß die Reaktion nach den Gleichungen

$$2\,C_{10}H_{16}\cdot HCl + Zn = 2\,C_{10}H_{16} + ZnCl_2 + H_2$$
$$2\,C_{11}H_{16} + ZnCl_2 + 2\,C_2H_4O_2 = 2\,C_{10}H_{16}C_2H_4O_2 + ZnCl_2$$

vor sich gehe, mithin die Wasserstoffentwicklung lediglich von der Einwirkung des Zinks auf Pinenhydrochlorid herrühre, stützt der Erfinder auf die Beobachtung, daß Pinenhydrochlorid in Petroleumäther gelöst und bei Wasserbadtemperatur mit Zink behandelt, den Niederschlag einer Verbindung zeigt, die sich mit Wasser zersetzt.

Zur technischen Durchführung sollen z. B. 172 kg Pinenhydrochlorid und 350 kg Eisessig in einem emaillierten Kessel auf 90 bis 95° C erwärmt und mit einem Zusatz von 40 bis 45 kg Zinkblech versehen werden, worauf Wasserstoffentwicklung eintritt. Nach 20 Stunden ist die Reaktion beendigt, die über-

---

1) *Chem. Fabrik von Heyden A. G.:* D. R. P. 189 261 vom 17. I. 1906. Zus. z. D. R. P. 184 635.

2) *Chem. Fabrik von Heyden A. G.:* D. R. P. 185 933 vom 17. I. 1906. Zus. z. D. R. P. 184 635.

3) *Chem. Fabrik von Heyden A. G.:* D. R. P. 187 684 vom 15. V. 1906. Zus. z. D. R. P. 184 635.

4) *Joh. Herm. Luetkehermoelle,* Dr. *Lambert Weitz* u. *Georges Ree* (Brüssel): D. R. P. 214 042 vom 13. VII. 1907.

schüssige Säure wird im Vakuum abdestilliert, der Rückstand ohne Destillation direkt zu Isoborneol verseift und hierauf zu Campher oxydiert.

O. Aschan[1]) zeigte, daß Kalkmilch mit den Halogenwasserstoffadditionsprodukten der Terpenkohlenwasserstoffe $C_{10}H_{16}$ verschiedene Umsetzungsprodukte liefere; Bornylchlorid ergibt nämlich mit diesem milden Alkali erwärmt, Camphenhydrat, einen dem Borneol isomeren Alkohol, in fast quantitativer Ausbeute, während Isobornylchlorid unter gleichen Umständen fast nur Camphen neben wenig Camphenhydrat liefert. Das Verhalten des Camphenchlorhydrats liegt in der Mitte zwischen Bornyl- und Isobornylchlorid. Und so ist es zu verstehen, daß, wie die *Chem. Fabrik auf Aktien* (*vorm. E. Schering*) ausführt, Pinenchlorhydrat sich nur oberhalb 160 bis 180° C mit Alkalien in Camphen umsetzt, hingegen direkt in einen Alkohol $C_{10}H_{17}OH$ umgewandelt werden kann, wenn man es mit Erdalkalien, weniger gut mit Alkalien, jedoch bei höchstens 160° am besten bei 135 bis 150° C mit Wasser unter Druck kräftig digeriert. Zwar unterbleibt die Camphenbildung hierbei nicht völlig, allein sie tritt erheblich zurück und das siolierte und destillierte Produkt, durch Absonderung der unter Normaldruck bei 200 bis 210° C oder unter 20 mm bei 90 bis 100° C siedenden Anteile gewonnen, ist fest, besitzt nach mehrmaligem Sublimieren einen Schmelzp. von 149 bis 150° C und einen Siedep. von 204 bis 206° C. Dieser Alkohol spaltet beim Erwärmen mit verdünnten Säuren Wasser ab und geht in Camphen über[2]).

Zur Durchführung der Operation für technische Zwecke wird auf 100 Tl. Pinenhydrochlorid, welches behufs Verhinderung des Sublimierens mit 15 Tl. Benzol versetzt ist, eine aus 100 Tl. gebranntem Kalk und 2000 Tl. Wasser frisch dargestellten Kalkmilch bei 135 bis 150° C unter Erhitzen im Autoklaven unter kräftigem Rühren 2 bis 3 Tage einwirken gelassen. Hernach wird das Reaktionsprodukt mit Dampf abgeblasen, abgehoben, durch Chlorcalcium getrocknet und destilliert. Die zu erzielende Ausbeute ist mit über 80 Proz. angegeben. Bei Benützung von Kaliumhydroxyd soll jedoch die Ausbeute nur über 60 Proz. betragen.

Um die Entchlorung des Pinenchlorhydrats vollständig und dessen Überführung in Isobornylester quantitativ zu bewirken, hat *Gustav Wendt* vorgeschlagen, das Erhitzen mit Fluorsilber in Gegenwart einer organischen Säure vorzunehmen. Der Prozeß soll durch die quantitative Zurückgewinnung des Silbers als Chlorsilber, sowie durch die einzuhaltenden Bedingungen, unter welchen Zinn von der Flußsäure nicht nennenswert angegriffen wird, technisch und wirtschaftlich möglich sein. Die Anreicherung an freier Flußsäure beim Fortschreiten des Prozesses wird durch dessen Fortführung mittels Kohlensäure verhindert[3]).

Obwohl das Chlor im Pinenchlorhydrat derart fest gebunden ist, daß selbst salpetersaures, salpetrigsaures Silber und ähnliche Silbersalze weder

---

[1]) Ann. d. Ch. **383**, 1 (1911).
[2]) *Chem. Fabr. auf Akt.* (*vorm. E. Schering*): D. R. P. 219 243 vom 19. IV. 1908.
[3]) Dr. *Gustav Wendt:* D. R. P. 208 636 vom 16. XI. 1907.

die Abspaltung noch die Esterifizierung glatt bewerkstelligen können, soll nach *Wendt* schwefligsaures Silber in Gegenwart von Fluorverbindungen hierzu geeignet sein.

Erwägt man, daß zu 1 Tl. Pinenchlorhydrat 1 Tl. salpetersaures Silber, ferner das Äquivalent der Salpetersäure an starker Flußsäure, weiterhin 0,1 Tl. schwefligsaures Silber erforderlich ist, so wird man diesen Prozeß kaum als ökonomisch betrachten können[1]).

Technische Herstellung von Borneol und Isoborneol aus Terpenkohlenwasserstoffen.

Von *Bouchardat* und *Lafont* wurde bereits gezeigt, daß Terpentinöl sechs Monate mit Eisessig oder Ameisensäure in Berührung oder 64 Stunden im Rohr mit Essigsäure erhitzt[2]), unter anderen Produkten auch Bornylacetat zu liefern vermag. Die gleiche Hydratationserscheinung wurde von *Bouchardat* und *Lafont* beim Erhitzen des Terpentinöls mit Benzoesäure auf 150° C und durch 50 Stunden und von *Lafont* beim Camphen beobachtet und auf diese Weise auch aus dieser Verbindung und Essigsäure Isoborneol erhalten[3]).

Dr. Julius Bertram fand nun, daß die Esterbildung auch bei 30 bis 60° C stattfindet, wenn man die organischen Säuren, wie Ameisensäure, Essigsäure in Gegenwart geringer Mengen Mineralsäuren H_2SO_4, HNO_3, HCl auf Terpene einwirken läßt[4]). Hierbei muß die Mineralsäure keineswegs konzentriert zur Anwendung gelangen; es ist vielmehr vorteilhaft, sie mit Wasser zu verdünnen und bei Eintreten heftigen Reaktionsverlaufs, das Reaktionsgemisch zu kühlen. Auf diese Weise entsteht z. B. aus Pinen, Eisessig und H_2SO_4 Essigsäureterpinylester und aus Camphen Essigsäurebornylester. Auch Dipenten und Limonen liefern Terpinylester.

Um Borneol darzustellen, werden z. B. 100 Tl. Camphen in 200 bis 300 Tl. Eisessig gelöst, worauf das Gemisch auf 50° C erwärmt und mit 10 Tl. 80proz. Schwefelsäure versetzt wird. Nach der Digestion durch einige Stunden (evtl. unter Kühlung) bei 50 bis 60° C, darauf folgende Verdünnung mit Wasser und Entsäuerung des abgeschiedenen Öls durch Schütteln mit Sodalösung wird das Produkt entweder durch fraktionierte Destillation im Vakuum oder durch Destillation mittels Wasserdampfes gereinigt. Zur Isolierung des Borneols wird nunmehr mit alkoholischer Kali- oder Natronlauge verseift, und der so gewonnene Alkohol seinerseits mit Wasserdampf oder im Vakuum destilliert.

---

[1]) Der Vollständigkeit halber sei hier des Engl. P. 18 297 ex 1895 (*Richardson*) erwähnt, nach welchem Terpentinöl mit Salzsäure und Luft bei etwa 100° C behandelt, Krystalle liefern soll, welche mittels Dampf und Kaliumpermanganatlösung angeblich in Campher übergehen.

[2]) *Lafont* zeigte, daß nur bei mehrtägiger Behandlung von Terpentinöl in der Kälte sich Bornylacetat bilde; das Erhitzen der Ausgangsprodukte auf 100° C durch mehrere Stunden führte zu einem polymerisierten Kohlenwasserstoff. (Ber. d. chem. Ges. R. 21, 138).

[3]) Ann. de la chim. (6) **9**, 518; (6) **15**, 145, 149, 166, 185, 207; (6) **16**, 326, 242. Compt. rend. **106**, 1170; **113**, 551. Bull. de la Soc. chim. **45**, 296.

[4]) D. R. P. 67 255 vom 12. IV. 1892.

Nach *Zeitschel* lassen sich gute Ausbeuten an Bornylacetat auch dadurch erzielen, daß man Pinen oder Terpentinöl mit molekularen Mengen Essigsäure bei 200° C einige Stunden erhitzt[1]). So z. B. müssen 136 kg (1 Mol.) französisches Terpentinöl mit 60 kg Eisessig (1 Mol.) im Autoklaven nur etwa 5 Stunden auf 200° C erhitzt werden, um bei geringer Verharzung 10 bis 15 Proz. Camphen, 30 bis 40 Proz. Dipenten und 30 bis 40 Proz. Rohbornylacetate zu liefern.

Während bei der Einwirkung wasserhaltiger Oxalsäure keinerlei Campherderivate entstehen, läßt sich gemäß dem D. R. P. 134553[2]) wasserfreie Oxalsäure an ebensolches Pinen bei Temperaturen, die über 100° C und unter dem Siedepunkte des Pinens liegen, anlagern. Dabei soll sich nach den Angaben der Erfinder zunächst Pinyloxalat bilden, welches jedoch bei weiterem Erhitzen unter Abspaltung von Wasser und Kohlenoxyd in Campher übergeht.

$$C_{10}H_{16}C_2O_4H_2 = H_2O + 2\,CO + C_{10}H_{16}O\,.$$

Es soll sich aber auch Pinylformiat, ein Additionsprodukt aus Pinen und Ameisensäure bilden können, sei es, daß beim Erhitzen des Pinyloxalats direkt Kohlensäure abgespalten wird, sei es, daß Ameisensäure, unmittelbar aus Oxalsäure entstehend, in statu nascendi auf Pinen einwirkt:

$$H_2C_2O_4 = HCOOH + CO_2$$
$$C_{10}H_{16}C_2O_4H_2 = CO_2 + C_{10}H_{16} \cdot HCO_2H\,.$$

Dieses Pinylformiat würde aber nicht allein durch Verseifen mit Alkalien, sondern auch durch Erhitzen unter Kohlenoxydabspaltung direkt in Borneol übergehen können

$$C_{10}H_{16}H_2CO_2 = CO + C_{10}H_{18}O\,,$$

und es müßte demnach beim Erhitzen des Pinyloxalats ein Gemenge von Campher und Borneol resultieren.

Die Ausführung des Verfahrens schildert die zit. Patentschriftart derart, daß beim Erhitzen von beispielsweise 5 Gewichtsteilen wasserfreien Pinens mit einem oder mehreren Gewichtsteilen wasserfreier Oxalsäure in einer Vakuumpfanne bei etwa 120 bis 130° C eine Reaktion zwischen dem Pinen und der Oxalsäure eintritt, die längere Zeit anhält, wonach das resultierende Produkt aus Campher, Borneol, ferner Oxalsäure- und Ameisensäureester eines Terpenalkohols nebst polymerisierten Nebenprodukten und einigen harzigen Substanzen besteht. Wird aus der erhaltenen öligen Mischung die Säure herausgewaschen, so kann das säurefreie Produkt am besten im Vakuum derart destilliert werden, daß der an Campher reichste Teil des Destillates wiederholt so lange destilliert wird, bis eine Fraktion den Campher in solchem Überschuß enthält, daß dieser beim Abkühlen auskrystallisiert; er kann von den öligen Verunreinigungen sodann abzentrifugiert oder ausgepreßt werden. Oder die ölige Reaktionsmasse wird mit einer solchen Menge Alkali versetzt, daß alles

[1]) D. R. P. 204163 vom 12. VIII. 1906

[2]) *The Ampere Electro-Chemical Comp.* in Jersey-City: D. R. P. 134553 vom 13. IX. 1900. Fr. P. 303812.

vorhandenes Oxalat und Formiat verseift werden kann; wird sodann mit Wasserdampf destilliert, so werden die Ester unter Bildung von freiem Borneol verseift, und es zersetzt sich gleichzeitig ein Teil des Oxalats unter Bildung von Campher. Die ersten Anteile des Destillates bestehen hauptsächlich aus Dipenten, die letzten Anteile enthalten Campher und Borneol nebst beträchtlichen Mengen hochsiedender Öle, während der Rückstand der Retorte aus Alkalisalzen und wenig nicht flüchtigem Öle besteht.

Borneol und Campher sollen nach Trennung von den fremden öligen Beimengungen durch Ausfrierenlassen, Zentrifugieren und Waschen mittels Kaliumbichromat und Schwefelsäure behufs Oxydation des Borneols behandelt werden. Der gesamte Campher wird nach abermaligem Zentrifugieren und Waschen getrocknet, mit Kalk sublimiert und beträgt bei Anwendung von 350 Gewichtsteilen wasserfreien amerikanischen Terpentinöls 100 Gewichtsteile [1]).

Das D. R. P. 193 301 behandelt nun ebenfalls die Reaktion zwischen Camphen und Oxalsäure; aber nach dieser Patentschrift läßt sich Camphen mit wasserfreier Oxalsäure glatt zu Oxalsäureestern des Isoborneols kondensieren, wenn eine Lösung von 100 Tl. Camphen und 100 Tl. wasserfreier Oxalsäure in 300 Tl. Aceton mit 5 Tl. Schwefelsäure versetzt und bei 15 bis 25° C 3 Tage lang stehen gelassen wird [2]). Nach dem Neutralisieren der Schwefelsäure und Entfernung des Acetons durch Destillation hinterbleibt ein schwach gefärbtes Öl, das neben wenig Camphen und freier Oxalsäure, sauren und neutralen Oxalsäureisobornylester enthält und nach Entfernung der Oxalsäure durch heißes Wasser läßt sich der saure Oxalsäureisobornylester durch Sodalösung vom neutralen Ester trennen [3]), letzterer vom beigemengten Camphen durch Wasserdampfdestillation abgeschieden, krystallisiert aus Alkohol in farb- und geruchlosen Nadeln vom Schmelzpunkt 113 bis 114° C.

Zur Abkürzung der Reaktionsdauer kann das Gemenge von Camphen, wasserfreier Oxalsäure, Aceton und 50proz. Schwefelsäure oder Phosphor-

[1]) Nach den Ausführungen der Patentschrift ist das Pinylformiat eine farblose, ölige Flüssigkeit vom Siedep. 160 bis 163° C (bei 680 mm) und einer Dichte von 0,933 (20° C), zersetzt sich während der Destillation in Borneol und Kohlenoxyd und geht beim Kochen mit Wasser in Ameisensäure und verschiedenartige Kohlenwasserstoffe über; mit alkoholischen oder wässerigen Alkalien soll es ebenso in Kohlenwasserstoffe und ameisensaure Salze zerlegt werden. Derselben Quelle zufolge soll das Pinyloxalat ein bei gewöhnlicher Temperatur fester Körper sein, welcher jedoch einen niedrigeren Siedepunkt als das Pinylformiat, nämlich zwischen 157 bis 160° C (680 mm) besitzen und beim Kochen mit Wasser Oxalsäure und eine Mischung verschiedener Kohlenwasserstoffe abspalten, ferner beim Erhitzen für sich in Campher, Kohlenoxyd und Wasser zerfallen soll. Diese Umstände lassen Zweifel darüber berechtigt erscheinen, ob hier überhaupt einheitliche Produkte, wie sie nach den Reaktionsgleichungen angenommen werden müßten, entstehen. Keinesfalls verläuft die Reaktion technisch befriedigend (vgl. hierüber auch das D. R. P. 193 301). Nach *Schindelmeiser* (Chem. Zentralbl. **1**, 515 [1903]) entsteht bei der Einwirkung von Oxalsäure auf Pinen nicht Campher, sondern es resultieren Produkte, welche vornehmlich Ester des Borneols repräsentieren.

[2]) *J. Basler & Cie.*, Basel: D. R. P. 193 301 vom 6. V. 1906.

[3]) Der saure Oxalsäureisobornylester wurde nicht kristallisiert erhalten.

säure auch mehrere Stunden lang am Rückflußkühler erhitzt und außerdem die Kondensation durch Zufügung von saurem Oxalsäureisobornylester befördert werden. Weniger glatt verläuft die Reaktion, wenn Camphen mit Oxalsäure direkt erhitzt wird.

Sowohl der saure, als auch der neutrale Oxalsäureisobornylester auf übliche Weise verseift, soll an Isoborneol fast quantitative Ausbeuten ergeben.

Auch nach der Beschreibung des D. R. P. 208 487 ist die Ausbeute an Oxalaten, welche durch Erhitzen von Pinen mit Oxalsäure erhalten werden, nur gering und beträgt etwa 25 bis 30 Proz. vom angewandten Terpentinöl. Sie kann jedoch erhöht werden, wenn man der Oxalsäure Aluminiumchlorid, Antimonpentachlorid, Phosphorpentachlorid, Zinntetrachlorid usw. als Kontaktmittel hinzufügt. Bei dieser Reaktion entsteht dann ausschließlich Bornyloxalat, so daß Derivate des Isoborneols nicht beigemengt sind, wenn das Pinen zweckmäßig mit Benzol, Tetrachlorkohlenstoff usw. verdünnt wird[1]). Auf 100 Tl. Terpentinöl werden 200 Tl. Tetrachlorkohlenstoff als Verdünnungsmittel verwendet. Nach dem Erwärmen auf 50° C wird allmählich ein inniges Gemenge von 50 Tl. wasserfreier Oxalsäure und 5 Tl. wasserfreien Aluminiumchlorids eingetragen, wobei derart gekühlt wird, daß die Temperatur 70° C nicht übersteigt. Ist die gesamte Oxalsäure zugefügt, so überläßt man das Reaktionsgemisch noch 2 bis 3 Stunden bei 70° C sich selbst und destilliert sodann das Lösungsmittel ab. Der Rückstand, Bornyloxalat, kann durch Verseifen in Borneol übergeführt werden.

Die Ester aromatischer Monooxycarbonsäuren mit Borneolen, $C_{10}H_{17}CO_2ROH$ (z. B. $C_6H_4[OH]CO_2C_{10}H_{17}$), welche als Arzneistoffe[2]) und zur Herstellung von Borneol verwertet werden (das Bornylsalicytat ist unter dem Namen „Salit" im Handel), können durch Erwärmen der aromatischen Monooxycarbonsäuren mit einem Terpen, insbesondere Pinen, Camphen aber auch mit diese Stoffe enthaltenden Gemengen, z. B. Terpentinöl, gewonnen werden. Die Reaktion vollzieht sich schon bei Temperaturen unter 100° C und wird bei höherer Temperatur beschleunigt[3]). Zur Darstellung wird z. B. ein Gemisch gleicher Teile Salicylsäure und französischen Terpentinöls unter Rühren erst auf 110° C und im Verlaufe von etwa 50 Stunden bis auf 130° C erhitzt. Nach dem Auswaschen der überschüssigen Salicylsäure mit Sodalösung, Entfernung des überschüssigen Terpentinöls mit Wasserdampf, bleibt Bornylsalicylsäureester zurück, welcher durch Destillation im Vakuum (Siedep. 171 bis 173° C bei 5 mm) oder durch Destillation mit Wasserdampf gereinigt wird. Wird der Ester verseift, so resultiert ein Gemisch von Borneol

---

[1]) *Chem. Fabr. auf Akt. (vorm. E. Schering)*: D. R. P. 208 487 vom 25. VIII. 1907.

[2]) Diese Ester bilden mit Lösungen von Ätzalkali feste, salzartige Verbindungen, welche indessen schon beim Erwärmen in ein Borneol und das Alkalisalz einer aromatischen Monooxycarbonsäure zerfallen. Ihre leichte Verseifbarkeit ist Ursache ihrer Verwendung als Arzneimittel.

[3]) *Chem. Fabrik von Heyden:* D. R. P. 175 097 vom 3. XII. 1904 (vgl. auch Am. P. 779 377); vgl. ferner *Tardy:* Chem. Zentralbl. 2, 1043 (1904), nach welchem durch Einwirkung von Salicylsäure auf Terpentinöl der entsprechende Bornylester erhalten wird, welcher verseift, Borneol liefert. (F. P. 339 504, E. P. 26 785 ex 1903, Am. P. 779 377.

mit wenig Isoborneol. Camphen liefert im wesentlichen Isobornylester. Als Kondensationsmittel kann auch Borsäure, Essigsäure usw. verwendet werden [1]).

Während die Fettsäureester der Terpenalkohole z. B. des Borneols und Terpineols und auch deren Benzoate nach dem Inhalte des D. R. P. 178934 von wässerigen Alkalilaugen fast gar nicht angegriffen werden, zur Verseifung daher alkoholische Alkalilauge erforderlich ist, und sie ferner mit Wasserdämpfen leicht flüchtig sind, so daß man die Dampfdestillation zur Trennung von flüchtigen Verunreinigungen nicht anwenden kann [2]), lassen sich die nach dem D. R. P. 175097 aus Camphen entstandenen Isobornylester, sowie die aus Pinen resultierenden Bornylester durch Wasserdampfdestillation sehr leicht von den nicht in Reaktion übergegangenen Teilen der angewendeten Terpene trennen, weil sie mit Wasserdämpfen nicht flüchtig sind; zudem läßt sich der bei dieser Operation hinterbleibende Rückstand, nämlich die Bornyl- und Isobornylester der angewandten aromatischen Carbonsäuren schon mit wässeriger Natronlauge leicht verseifen, so daß man direkt zu Borneol oder Isoborneol gelangen kann.

Es gibt eine Anzahl von Patenten, welche direkt vom Terpentinöl ausgehend, zum Campher gelangen wollen. So z. B. soll nach *Kingzett* und *Ziegler* (Engl. P. 274 [ex 1876]) Terpentinöl schon durch Oxydation mit Luft in Gegenwart von Wasser in Campher übergehen. *Horn* will (F. P. 21 294, 1896) Terpentinöl durch Behandlung mit Ozon in Campher überführen; nach *Le Roy* soll Chlor bei niedriger Temperatur auf Terpentinöl derart wirken, daß schon die nachherige Behandlung mit einem Metallhydroxyd hinreicht, um Campher zu gewinnen (F. P. 392 182); *du Boistesselin* und *Verny* oxydieren ein Gemenge von Pinen und Benzol mit Wasserstoffsuperoxyd, Alkalipersulfat oder ähnlichen Oxydationsmitteln, um zum Campher zu gelangen (F. P. 406005). Alle diese Verfahren erzielen bestenfalls eine sehr geringe Ausbeute und beruhen darauf, daß einige Terpentinöle neben Pinen auch Camphen enthalten.

Die Gewinnung von Borneol und Isoborneol mittels der *Grignard*schen Reaktion.

Die Überführung der Terpenchlorderivate in die entsprechenden Magnesiumadditionsprodukte ist nicht leicht. Während *Houben* und *Kesselkaul* [3]) berichten, daß sie Pinenhydrochlorid in eine magnesiumorganische Verbindung umwandelten, die Kohlenoxyd addierte und sich in ein Salz der Hydropinencarbonsäure $C_{10}H_{17} \cdot COOH$ umwandelte, ergaben *Hesses* Versuche zur Durchführung dieses Verfahrens, daß nur Spuren des Pinenchlorhydrates derart in die Magnesiumverbindung übergeführt werden, selbst wenn die Lösung erhitzt wird [4]). *Houben* hat sodann Hydropinencarbonsäure mit 40 proz. Ausbeute hergestellt, indem er 14 g Magnesium in 100 ccm ab-

---

[1]) *O. Schmidt* wandte o-Chlorbenzoesäure an (Chem. Ind. **1906**, 241).

[2]) *Chem. Fabrik von Heyden A. G.:* D. R. P. 178 934 vom 27. III. 1904.

[3]) Ber. d. chem. Ges. **35**, 3696 (1902) und ibid. **38**, 3799 (1906).

[4]) D. R. P. 182 943.

solutem Äther mit einer konzentrierten ätherischen Lösung von 100 g Pinenchlorhydrat übergoß, Jodmethyl in geringer Menge hinzufügte, mehrere Tage verschlossen unter zeitweiligem Schütteln stehen ließ und nunmehr CO_2 einleitete.

Von *Barbier* und *Grignard* selbst rührt ein Verfahren her, das krystallisierte Pinenchlorhydrat durch Oxydation der Chlormagnesiumverbindung $C_{10}H_{17}MgCl$ in den korrespondierenden Alkohol umzuwandeln. Da das Endprodukt der fraktionierten Destillation infolge einer geringen anwesenden Menge nicht in Reaktion getretenen Pinenchlorhydrats nicht anders gereinigt werden konnte, wurde es nach der Methode *Hallers* als Bernsteinsäureester isoliert (Siedep. 212 bis 213° C; Schmelzp. 205° C) und in Borneol zurückverwandelt. Bei dieser Operation bildete sich außerdem noch Camphen und eine geringe Menge Hydrodicamphen $(C_{10}H_{17})_2$ vom Siedep. (14 mm) 179° C und Schmelzp. 82 bis 83° C[1]).

Zur Herstellung der *Grignard*schen Magnesiumverbindungen eignen sich Alkyljodide und -bromide sehr gut, weil sie mit Magnesium meistens ohne Anwendung von Katalysatoren reagieren, während Chloride nicht so leicht in diese Reaktion einzutreten vermögen. Manche dieser Reaktionen lassen sich mit Hilfe geringer Mengen Jod oder mittels anderer Katalysatoren beschleunigen.

So konnten z. B. *Ehrlich* und *Sachs*[2]) beobachten, daß Bromdimethylanilin nach der von *Grignard* angegebenen Vorschrift, in absolutem Äther aufgelöst und mit Magnesiumband oder -pulver versetzt, auch bei tagelangem Erhitzen und selbst nach Zusatz von Jod keine Reaktion eingeht. Sie stellten den Katalysator her, indem sie Magnesiumpulver mit absolutem Äther überschichteten und Äthylbromid hinzufügten; nach einigen Minuten trat so lebhafte Reaktion ein, daß sie durch äußere Kühlung mit Eiswasser gemäßigt werden mußte und, nach dem Abgießen der Hauptmenge der Flüssigkeit vom Magnesium war letzteres infolge der oberflächlichen Anätzung in bedeutend aktiverer Form vorhanden. Nunmehr konnte beim Hinzufügen einer ätherischen Lösung von Bromdimethylanilin durch gelindes Erwärmen Brommagnesiumdimethylanilin in guter Ausbeute erhalten werden.

Auch *Hesse* hat ein Verfahren zur Überführung der Chlorhydrate in die Magnesiumverbindungen ausgearbeitet[3]), welches darauf beruht, daß die Lösung des Chlorhydrats zum Magnesium gefügt wird, während noch eine primär eingeleitete Reaktion des Magnesiums mit lebhaft reagierenden Alkylhalogeniden im Gange ist. Derart können bei gut verlaufenden Reaktionen 80 bis 85 Proz. des Pinenchlorhydrats in die Magnesiumverbindung $C_{10}H_{17}MgCl$ übergeführt werden, während 10 bis 15 Proz. nach der Gleichung $2\,C_{10}H_{17}Cl + Mg = MgCl_2 + (C_{10}H_{17})_2$ reagieren. Der Rest des Reaktionsproduktes ist Camphen und Camphan. Ungeachtet dieser Vorschrift kann

---

[1]) *Barbier* u. *Grignard:* Bull. Soc. de chim. **31**, 840, 3. Ser. (1904).
[2]) *Ehrlich* u. *Sachs:* Ber. d. chem. Ges. (4) **36**, 4296 (1904).
[3]) *Hesse:* Ber. d. chem. Ges. **39**, 1133.

man wohl die primäre Reaktion des Alkylhalogenids zu Ende gehen und die Pinenchlorhydratlösung erst nach einigen Stunden zufließen lassen, allein in diesem Falle sind die Ausbeuten geringer und das Endprodukt ist nicht chlorfrei.

Auch das Camphenchlorhydrat reagiert mit Magnesium in gleicher Weise und man erhält die Reaktionsprodukte fast chlorfrei. Die diesbezüglich von *Hesse* angestellten Versuche ergaben, daß ca. 60 Proz. dieses Chlorhydrats in die Verbindung $C_{16}H_{16}MgCl$ und ca. 20 Proz. in den polymeren Kohlenwasserstoff $(C_{10}H_{17})_2$ umgewandelt werden, welcher mit dem aus Pinenchlorhydrat erhaltenen identisch ist.

Durch Einwirkung von Wasser auf die Grignardschen Magnesiumverbindungen vom Typus RMgX entstehen Kohlenwasserstoffe nach folgender Gleichung:

$$R \cdot MgX + H_2O = R \cdot H + Mg\langle{}^{OH}_{X}$$

und bei der Zersetzung des Camphenchlorhydratmagnesiums mit Wasser resultiert ebenso wie aus Pinenchlorhydratmagnesium dasselbe inaktive Camphan vom Schmelzp. 153° C[1]). Die Lösungen beider Magnesiumverbindungen absorbieren getrockneten Sauerstoff oder trockene Luft

$$C_{10}H_{17}MgCl + O = C_{10}H_{17}OMgCl\,,$$

während feuchter Sauerstoff eine dem Wassergehalt entsprechende Menge Camphan erzeugt. Die nach vollendeter Oxydation der Magnesiumverbindungen vollzogene Zersetzung läßt beim Pinenchlorhydrat je nach Verlauf der Reaktion 65 bis 85 Proz. der Theorie an Borneol und 10 bis 20 Proz. Hydrodicamphen $(C_{10}H_{17})_2$, ferner geringe Mengen Camphan und Camphene, manchmal auch neben Borneol ca. 5 bis 8 Proz. Isoborneol entstehen, welch letzteres von beigemengtem Camphenchlorhydrat, von welchem auch Pinenchlorhydrat nicht ganz befreit werden kann, herrührt[2]). Bei der Oxydation des Camphenchlorhydratmagnesiums werden ca. 45 Proz. in Alkohole, ca. 21 Proz. in Hydrodicamphen und ca. 34 Proz. in Camphen und Camphan verwandelt. *Hesse* gibt für die nicht vollständige Umwandlung des Chloratoms des Camphenchlorhydrats in die Hydroxylgruppe zwei Erklärungen: Entweder entzieht sich ein Teil des Camphenchlorhydrats durch Abspaltung der Salzsäure der Reaktion, oder das Camphenchlorhydrat ist nicht einheitlich, sondern ein Gemenge zweier Chlorhydrate, von denen jedoch nur eines mit Magnesium reagiert[3]). Die bei der Oxydation des Camphenchlorhydratmagnesiums sich bildenden Alkohole bestehen zu $^2/_3$ aus Borneol und zu $^1/_3$ aus Isoborneol. Zur Erklärung des Auftretens des ersten Alkohols nimmt *Hesse* an, daß entweder ein Teil des Camphenchlorhydratmagnesiums sich in Pinenchlorhydratmagnesium umwandelt oder daß bei der Oxydation, resp.

---

[1]) *Hesse:* l. c.

[2]) *Hesse:* Ber. d. chem .Ges. **39**, 1134.

[3]) Vgl. *Moycho* u. *Zienkowski:* Ann. d. Ch. **340**, 17 (1905).

Zersetzung der Magnesiumverbindungen das labile Isoborneol in das stabile Borneol übergeht.

Für die Darstellung der Magnesiumverbindung des Pinenchlorhydrats und Camphenchlorhydrats ist folgende Vorschrift *Hesses* zu beachten:

Soll eine vollständige Umwandlung des Chlorhydrats in die Magnesiumverbindung mit möglichster Chlorfreiheit des Reaktionsproduktes stattfinden, so wird Magnesium mit einer sehr geringen Menge einer ätherischen Lösung von Bromäthyl, welche ca. 2 bis 4 Proz. des anzuwendenden Pinenchlorhydrats enthält, an einer Stelle befeuchtet. Nach kurzer Zeit setzt eine lebhafte Reaktion zwischen dem Bromäthyl und dem Magnesium ein, während welcher man, ehe die Reaktion noch beendigt ist, allmählich durch einen Scheidetrichter die Lösung des Chlorhydrats in trockenem Äther, Benzol u. dgl. derart zufließen läßt, daß ohne jede künstliche Kühlung oder Erwärmung die gewünschte Reaktionstemperatur erhalten bleibt. Ist die Reaktion unter ständigem Rühren beendigt, so wird, wenn der Ersatz des Chloratoms durch Wasserstoff bewirkt werden soll, der nachfolgend beschriebene Apparat mit Wasserstoff gefüllt, sodann die Reaktionsmasse erst durch Eisstückchen, dann durch verdünnte Säuren unter sehr langsamem Zulauf zersetzt. Soll das Chloratom durch die Hydroxylgruppe ersetzt werden, so wird durch Einleiten von Luft oder Sauerstoff die Magnesiumverbindung erst oxydiert und dann erst zersetzt.

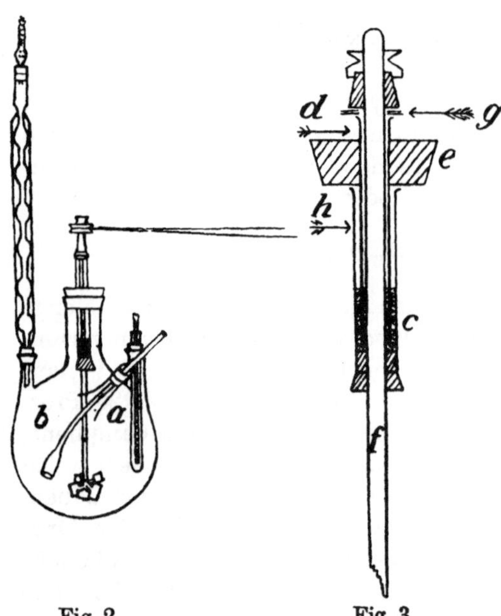

Fig. 2. Fig. 3.

Zur Vornahme der gesamten Operationen empfiehlt *Hesse*[1]) den in Fig. 2 und 3 abgebildeten Apparat, welchen er folgendermaßen beschreibt:

Durch den Stutzen *a*, welcher bei der Oxydation das unten zur Vermeidung der Verstopfung erweiterte Einleitungsrohr *b* trägt, wird bei dem ersten Teil der Reaktion der Scheidetrichter zum Einfließen der Chlorhydratlösung geführt. Der in Fig. 3 gesondert gezeichnete[2]) Rührer ist so angeordnet, daß die Ätherdämpfe beim Kochen durch den Quecksilberverschluß *c*, welcher

[1]) Ber. d. chem. Ges. **39**, 1149 (1906).

[2]) Ein ständiges Umrühren ist für den Verlauf der *Grignard*schen Reaktion von großer Wichtigkeit, da die Ausbeute dadurch bedeutend gesteigert wird (siehe auch *Mermod* u. *Simonis:* Ber. d. chem. Ges. **39**, 897 [1906] *Hesse*).

durch Überschieben eines mit Stopfen am unteren Ende verschlossenen Glasröhrchens *h* ermöglicht wird, am Entweichen gehindert sind und auch nicht mit dem im Führungsröhrchen *d* befindlichen Schmiermittel (Paraffinöl) in Berührung kommen können. Der durch eine Wasserturbine getriebene Rührer ist mittels des Korkstopfens *e* in dem Kolben befestigt, der die Rührflügel tragende Stab *f* ruht auf einem kleinen Metallring *g*, wodurch ein sehr ruhiges Laufen des Rührers bewirkt wird.

Die Darstellung von inaktivem Camphan aus Pinenchlorhydrat vollzog sich z. B. auf folgende Weise:

7,5 g Magnesiumpulver wurden mit einer Lösung von 2 g Bromäthyl, in 10 ccm trockenem Äther gelöst, versetzt; nach Eintritt der Reaktion wurde allmählich eine Lösung von 50 g l-Pinenchlorhydrat in 40 ccm trockenem Äther zugesetzt und nach Beendigung der lebhaften Reaktion noch 2 Stunden gerührt. Das Reaktionsprodukt betrug 38,0 g und enthielt, wie aus der Acetylzahl 47,6 und der Hydratationszahl 44,8 geschlossen werden konnte, infolge der Einwirkung der Luft eine geringe Menge eines Alkohols. Das gesamte Produkt, mit Dampf destilliert, ergab als Rückstand 4,2 g = 10,5 Proz. der Theorie an d-Hydrodicamphen $(C_{10}H_{17})_2$ vom Schmelzp. 85 bis 87° C. Das mit dem Wasserdampf überdestillierte und Camphan $(C_{10}H_{18})$ enthaltende Produkt mit der Hydratationszahl 42 wurde, um noch vorhandenes Camphen zu entfernen, fraktioniert; die bis 160° C übergehende Fraktion umkrystallisiert, stellte Camphan vom Schmelzp. 151 bis 152° C vor.

In gleicher Weise wurde aus Camphenchlorhydrat Camphan hergestellt: 8 g Magnesium wurden mit 2 g Bromäthyl in 20 ccm Äther und allmählich mit einer Lösung von 50 g Camphenchlorhydrat in 40 ccm Äther versetzt. Das chlorfreie Reaktionsprodukt (41,7 g) zeigte eine Acetylzahl = 30,8 und eine Hydratationszahl = 70,0; durch Einwirkung des Luftsauerstoffes waren ca. 9 Proz. eines Alkohols entstanden und außerdem enthielt das Reaktionsprodukt ca. 10 Proz. Camphen. Das Hauptprodukt, nach der Dampfdestillation gereinigt, war mit dem Camphan aus Pinenchlorhydrat identisch. (Schmelzp. 152 bis 153° C.)

Um die Oxydation der Magnesiumverbindungen des Pinenchlorhydrats und Camphenchlorhydrats durchzuführen, wurden 14,5 g Magnesium, 4 g Bromäthyl in 20 ccm Äther und 100 g l-Pinenchlorhydrat in 60 ccm Äther in Reaktion gebracht und mit trockenem Sauerstoff oxydiert. Das chlorfreie Rohprodukt (111,2 g) enthielt ca. 19 Proz. Hydrodicamphen, ca. 74 Proz. l-Borneol und ca. 5 Proz. Isoborneol. Camphen und Camphan waren nicht vorhanden.

In ähnlicher Weise wurden 15 g Magnesium, 4 g Bromäthyl in 20 ccm Äther und 100 g Camphenchlorhydrat in 80 ccm trockenem Äther in Reaktion gebracht und mit trockenem Sauerstoff oxydiert. Das Rohprodukt von 84,5 g, das auch mit der Kupferperle nur eine sehr schwache Chlorreaktion zeigte, enthielt 29,2 Proz. der theoretischen Menge an Alkoholen, die aus Borneol und größeren Mengen Isoborneol bestanden. Außerdem konnte bei der fraktionierten Destillation Camphen nachgewiesen werden. Aus einer

Reihe von Versuchen berechnete *Hesse*, daß ganz allgemein nach der gegebenen Vorschrift ca. 32 Proz. des angewandten Camphenchlorhydrats in Borneol, ca. 13 Proz. in Isoborneol und ca. 21 Proz. in Hydrodicamphen umgewandelt werden; der Rest von ca. 34 Proz. besteht zur Hälfte aus Camphen, zur Hälfte aus Camphan.

Die technische Herstellung der Campheralkohole aus Pinenchlorhydrat oder bromhydrat- unter Benutzung geeigneter Katalysatoren wird von *Hesse* in Übereinstimmung der experimentellen Darlegungen beschrieben[1]: 1,2 kg Magnesiumfeile werden mit absolutem Äther angefeuchtet und allmählich mit einer Lösung von 10,9 kg Pinenbromhydrat oder 8,6 kg Pinenchlorhydrat, bzw. 13,2 kg Pinenjodhydrat in 10 kg absolutem Äther versetzt. Bei Anwendung des Chlor- oder Bromhydrats muß die Reaktion durch Zusatz geringer Mengen eines Katalysators, z. B. Jod, oder durch Anätzung des Magnesiums mit Bromäthyl erleichtert werden.

Nach vollendeter Reaktion wird Sauerstoff oder Luft bis zur Sättigung eingeleitet und während dieser Operation das Reaktionsgefäß gekühlt; nunmehr wird Wasser zugesetzt und mit verdünnten Säuren bis zur schwach sauren Reaktion neutralisiert. Die abgeschiedene ätherische, Borneol enthaltende Lösung wird, falls erforderlich, neutralisiert, getrocknet und vom Äther befreit. Das zurückbleibende Rohborneol kann durch Umkrystallisation oder durch Überführung in den Phthalsäureester gereinigt werden.

Hesse führt weiter aus, daß sich die Ausbeute an Pinenchlorhydratmagnesium auf mehr als 90 Proz. steigern läßt, wenn man erst eine Lösung eines energisch reagierenden Alkyl- oder Arylhalogenids, z. B. Jodmethyl, Bromäthyl, Brombenzol, Benzylchlorid, Bornyljodid u. dgl. auf Magnesium einwirken läßt und ehe die Reaktion endigt, eine ätherische Lösung des Pinenchlorhydrats hinzufügt[2]). Auch die Verwendung des Äthers, welche selbstverständlich unbequem und kostspielig ist, läßt sich zwar nicht ganz vermeiden, da die ausschließliche Benützung anderer Lösungsmittel sehr geringe Ausbeuten ergibt, aber er kann teilweise durch andere Äther, Kohlenwasserstoffe oder Basen ersetzt werden[3]), wozu sich z. B. Benzol, Toluol, Xylol, Pinen usw., ferner Amyläther, Anisol u. dgl. oder Dimethylanilin, Diäthylanilin eignen.

Es wird z. B. zu 1,6 kg metallischem Magnesium allmählich eine Lösung von 300 g Jodbenzol in 0,7 kg Äther gegeben. Wenn die alsbald beginnende Reaktion (welche sich durch das Sieden des Äthers kundgibt) in lebhaftem Gange ist, läßt man unter ständigem Rühren erst eine Lösung von 2,5 kg Pinenchlorhydrat in 1,8 kg Äther, sodann eine Lösung von 7,5 kg Pinenchlorhydrat in 5 kg Benzol zufließen und hält die Temperatur durch Regelung des Zuflusses der Lösung oder durch Kühlung des Reaktionsgefäßes auf 50 bis höchstens 60° C; ist die Reaktionsmasse wiederum abgekühlt, so wird

---

[1]) D. R. P. 182 943 vom 9. XI. 1904.

[2]) Dr. *Albert Hesse:* D. R. P. 193 177 vom 19. III. 1905.

[3]) Siehe D. R. P. 193 177.

noch 1 bis 2 Stunden gerührt und hat man während der ganzen Operation Feuchtigkeit, Sauerstoff, Kohlensäure usw. ferngehalten, so beträgt die Ausbeute 85 bis 90 Proz.

Das D. R. P. 200 915 behandelt die Anwendung von Alkyl- oder Arylmagnesiumhalogeniden wie Bromäthylmagnesium, Jodäthylmagnesium, Benzylchloridmagnesium, Jodmethylmagnesium, Bornyljodidmagnesium usw. als Katalysatoren, da sie zu einer Mischung von Magnesium mit einer Lösung des Pinenchlorhydrats hinzugefügt, die Reaktion der beiden letztgenannten Verbindungen energisch beschleunigen. Eine analoge Wirkung wird erzielt, wenn zu einer ätherischen Lösung von Pinenchlorhydrat in Gegenwart von Magnesium etwa 10 bis 15 Proz. vom Gewicht des Pinenchlorhydrats an Jod hinzugefügt werden, und diese Mischung erwärmt wird. Noch vorteilhafter ist es, die größeren Mengen Jod erst mit einem Teil des mit dem Magnesium in Reaktion zu bringenden Pinenchlorhydrats zu erhitzen, sodann erst den Rest der Pinenchlorhydratlösung hinzuzufügen und zur Vollendung der Reaktion eventuell das gesamte Gemisch zu erhitzen[1]).

Es werden z. B. 20 kg Pinenchlorhydrat in 25 kg Äther gelöst und mit 15 kg Magnesium versetzt; nun wird unter Rühren eine Lösung von 2,5 kg Jod in 15 kg Äther zugesetzt und 1 Stunde lang erwärmt; sodann werden weitere 80 kg Pinenchlorhydrat in 60 kg Äther gelöst und einfließen gelassen, worauf 12 Stunden am Rückflußkühler erwärmt wird.

Bei der Einwirkung von Magnesium auf Pinenchlorhydrat und Camphenchlorhydrat entsteht stets Hydrodicamphen.

Da dieser Kohlenwasserstoff mit Wasserdampf sehr schwer flüchtig ist, läßt er sich nach *Hesse* hierdurch fast quantitativ vom Reaktionsprodukt trennen. Nach vorgenommenen Versuchen ist Hydrocamphen überhaupt sehr schwer flüchtig.

5 g des Reaktionsproduktes werden in einem genau tarierten Glasschälchen auf dem Wasserbade erwärmt. Hernach wird der Verdampfungsrückstand nach 6 Stunden gewogen und zu diesem Gewicht 6 × 0,05 g addiert; die erhaltene Zahl multipliziert mit 20, ergibt ungefähr den Prozentgehalt des Reaktionsgemisches an Hydrodicamphen[2]).

Die Verarbeitung von Borneol und Isoborneol zu Campher.

Gelegentlich der Charakterisierung des Borneols und Isoborneols wurde die Oxydation beider Alkohole, deren Ester und Äther zu Campher beschrieben. Die Oxydation von Bornylacetat[3]), welche *Schrötter* durchführte, liefert übrigens weniger an Campher als diejenige des Isobornylacetats, welche nach Angaben des D. R. P. 158 717 eine Ausbeute von 90 bis 100 Proz. ermöglichen soll.

[1]) Dr. *Albert Hesse:* D. R. P. 200 915 vom 12. XII. 1905. Zus. z. D. R. P. 193 177 vom 19. III. 1905.

[2]) *Hesse:* Ber. d. chem. Ges. **39**, 1139.

[3]) Monatshefte f. Chem. **1881**, 227 (vgl. auch F. P. 339 504, E. P. 26 779 ex 1904 und E. P. 21 171 ex 1906).

Außer diesen Verfahren wurden noch andere zur Überführung des genannten Alkohols in Campher bekannt[1]). Für die Praxis besonders wichtig erscheint die Oxydation der den Campher liefernden Alkohole mit Salpetersäure, wobei häufig ein Gemisch rauchender und konzentrierter Salpetersäure von 40° Bé zur Anwendung gelangt[2]). Aber auch Kaliumpermanganat oder Braunstein und Schwefelsäure, Bleioxyd, Kupferoxyd, Nickeloxyd, Quecksilberoxyd, die *Caro*sche Säure, Ozon, Chlor, salpetrige Säure wurden zu diesen Zwecken herangezogen.

Weiterhin wurde von den Kontaktstoffen behufs Beschleunigung der Oxydation Gebrauch gemacht, und es läßt sich mit Hilfe derselben Luft als günstiges Oxydationsagens verwenden.

Wie leicht die Oxydation erfolgt, geht z. B. aus der Angabe von *Moycho* und *Zienkowsky* hervor, nach welcher sie Isoborneol zu Campher oxydierten, indem sie es in Eisessig lösten und die entsprechende Menge Chromsäureanhydrid in wässeriger Lösung zusetzten. Die Oxydation ging schon in der Kälte vor sich, und fast momentan schied sich neben Chromoxyd Campher aus, der mit Wasserdampf abgetrieben, den Schmelzp. 234° C zeigte[3]).

Nach dem D. R. P. 158 717 werden zu 127 Gewichtsteilen Isobornylacetat die 78 Gewichtsteilen Chromsäure entsprechenden Mengen chromsaurer Salze mit Schwefelsäure in 2000 Gewichtsteilen Wasser gelöst, zugesetzt. Es wird bei ca. 90° C so lange gerührt, bis freie Chromsäure nicht mehr nachweisbar ist, worauf sich der Rohcampher krystallinisch ausscheidet und weiter gereinigt wird[4]).

Die Oxydation des Borneols mit Chromsäure, wie überhaupt mit aggressiven Oxydationsmitteln verläuft, wenn das Reaktionsgemisch in das unverdünnte Oxydationsgut eingetragen wird, unregelmäßig und wenig zweckentsprechend; andererseits ist die Verdünnung geeignet, die Oxydation weiter als erwünscht schreiten zu lassen, und es ist nach dem D. R. P. 250 743 zur Erzielung eines vollständig gleichmäßigen Reaktionsverlaufes, sowie nahezu theoretischer Ausbeuten allmähliches Zugeben des Lösungsmittels zu dem Chromsäure-Borneolgemisch erforderlich, während die Konzentration des Chromsäuregemisches keine Rolle spielt, da man durch Zufügen größerer oder kleinerer Mengen des Lösungsmittels den Oxydationsverlauf beschleu-

---

[1]) Nach *Rochleder* (Ann. d. Ch. **44**, 1) können Baldrianöl und Salbeiöl mittels Salpetersäure zu Campher oxydiert werden. In beiden Ölen bilden Borneol und dessen Ester wesentliche Bestandteile. Auch auf die Oxydation des Borneols aus Blumea balsamifera wurde ein F. P. 382 226 genommen. Siehe ferner *Pelouze:* Ann. d. Ch. **40**, 328, auch Bull. de la Soc. chim. **10**, 110. Compt. rend. **83**, 341 und **109**, 87; Ann. chim. et phys. (6), **27**, 392. Die Oxydation des Borneols und Isoborneols zu Campher ist z. B. beschrieben worden von *Semmler:* Ber. d. chem. Ges. **33**, 3430; *Montgolfier:* Ann. chim. et phys. (5) **14**, 29; *Majewski:* Inaug.-Dissert. Leipzig 1898; *Hesse:* Ber. d. chem. Ges. **39**, 1144; *Bertram* u. *Walbaum:* Journ. f. pr. Ch. **2**, 49, 8.

[2]) Vgl. auch *Schmidt:* Chem. Ind. **29**, 241 (1906).

[3]) *Moycho* u. *Zienkowsky:* c.

[4]) *Chem. Fabr. auf Akt. (vorm. Schering):* D. R. P. 158 717 vom 23. XII. 1903. Vgl. auch D. R. P. 220 838.

nigen oder mäßigen kann[1]). Eine geeignete Chromsäurelösung wird hergestellt, indem man z. B. 100 Teile Natriumbichromat in 100 Teilen Wasser löst, mit 125 Teilen Schwefelsäure versetzt und mit 1400 Teilen Wasser weiter verdünnt. Trägt man in dieses erkaltete Gemisch 100 Teile Borneol oder Isoborneol auf einmal ein und fügt unter Rühren 30 Teile Benzol oder ein anderes indifferentes Lösungsmittel derart hinzu, daß jede halbe Stunde nur etwa 5 Teile desselben eingetragen werden, so ist der Reaktionsverlauf gleichmäßig. Erst gegen Ende der Reaktion werden 50 Teile Benzol auf einmal zugefügt, um durch Lösen des entstandenen Camphers etwa eingehüllte Borneolteilchen noch völlig zu oxydieren, weshalb noch eine Stunde lang gerührt wird. Nach der Aufarbeitung der Campher-Benzollösung durch alkalische Waschung und Entfernung des Lösungsmittels resultieren ohne nochmalige Reinigung 95 Teile rein weißer Campher vom Schmelzp. 175 bis 176° C.

Als Maß für die Zusatzmengen des Lösungsmittels kann gelten, daß die Temperatur des Oxydationsgemisches 25 bis 30° C nicht übersteigen soll. Bei einer Konzentration von 100 Teilen Natriumbichromat, 400 Teilen Wasser, 125 Teilen Schwefelsäure und bei der Oxydation von 100 Teilen Borneol ist ein Zusatz von insgesamt 75 Gewichtsteilen Benzol erforderlich, welcher etwa derart erfolgen kann, daß z. B.

bei Beginn	1	Vol.-Tl.	Benzol
nach 1 Stunde	1	„	„
nach einer weiteren Stunde	1	„	„
„ „ „ „	1	„	„
„ „ „ „	1	„	„
„ „ „ „	1	„	„
„ „ „ „	2	„	„
„ „ „ „	3	„	„
„ „ „ „	3	„	„
„ „ „ „	4	„	„
„ „ „ „	5	„	„
„ „ „ „	10	„	„
„ „ „ „	13	„	„
„ „ „ „	37	„	„
zusammen	83	Vol.-Tl.	Benzol
oder etwa	75	Gewichtsteile	

Benzol eingetragen werden. Sodann wird noch eine Stunde gerührt.

Um die Oxydation des Borneols und Isoborneols zu Campher derart durchzuführen, daß dieser nicht weiter oxydiert wird, verwenden *Verley*, *Urbain* und *Feige* ein Chromsäuregemisch, welches sie durch Auflösen von 50 Teilen Natriumbichromat in 50 Teilen Wasser und darauffolgenden Zusatz von 88 Teilen Schwefelsäure von 66° Bé, entsprechend 1 Mol. $Na_2Cr_2O_7$, $2\,H_2O$ auf 3 Mol. H_2SO_4 herstellen[2]).

Das Chromsäuregemisch, das mit $^1/_3$ der berechneten Menge an Überschuß bemessen ist, wird mit 5 Teilen Wasser verdünnt und mit dem in Tetra-

[1]) Dr. *C. Ruder* & *Co.:* D. R. P. 250 743 vom 7. XII. 1911; F. P. 449 744.

[2]) *A. Verley*, *Ed. Urbain* u. *A. Feige*, Paris: D. R. P. 220 838 vom 23. VI. 1907; E. P. 14 550 ex 1907; E. P. 383 558. Vgl. hierzu auch E. P. 5513 ex 1908.

chlorkohlenstoff gelösten Borneol oder Isoborneol durchgerührt. Nach zwei Stunden ist die Oxydation vollendet, die am Boden des Gefäßes befindliche campherhaltige Lösung wird abgelassen und auf Campher verarbeitet.

Auch ein Zusatz von Sulfanilsäure kann die Oxydation organischer Verbindungen mit Chromsäure günstiger gestalten. Insbesondere bewirken aromatische Aminosulfosäuren und deren Salze auch bei der Oxydation des Borneols oder Isoborneols zu Campher eine gesteigerte, nahezu theoretische Ausbeute und ein Produkt von hervorragender Reinheit [1]).

Werden z. B. 50 Teile Borneol oder Isoborneol in 100 Teilen eines geeigneten Kohlenwasserstoffes gelöst und unter Zusatz von 15 Teilen Sulfanilsäure mit einer Chromsäure oxydiert, welche in 100 Teilen Wasser, 40 Teile Kaliumbichromat und 50 Teile Schwefelsäure enthält, so hinterbleiben nach Abtrennung und Destillation des Lösungsmittels 49 Teile Campher, welche sofort den Schmelzp. 175 bis 176° C zeigen, während ohne Zusatz von Sulfanilsäure bei sonst gleicher Arbeitsweise nur 30 Teile Campher niedrigen Schmelzpunktes resultieren.

Die D. R.-Patentschrift 207 702 erklärt die Wirkungsweise des Zusatzstoffes dadurch, daß man (wie experimentell festgestellt wurde) hierdurch Nebenreaktionen, sowie eine Oxydation, die weiter als bis zum Aldehyd bzw. Keton geht, vermeidet, solange eben Anteile dieser Zusatzkörper vorhanden sind. Diese Annahme wird durch die Tatsache bestätigt, daß zu Ende der Operation im Oxydationsgemisch nur noch Spuren der verwendeten Zusatzstoffe vorhanden sind, da deren Hauptmenge allmählich zu chinonartigen Körpern mitoxydiert wurde.

Semmler gibt zur Überführung von Isoborneol in Campher folgendes Verfahren an: Isoborneol wird in Eisessig gelöst und unter Kühlen und Umschütteln mit der berechneten Menge fein gepulverten Kaliumpermanganats versetzt. Hierauf wird die Reaktionsflüssigkeit alkalisiert und mit Wasserdampf destilliert. Es resultiert Campher vom Schmelzp. 175° C [2]). Zufolge einer Angabe des D. R. P. 157 590 werden jedoch auf diesem Wege höchstens 10 Proz. Campher gewonnen. Dennoch kann die Ausbeute auch bei Anwendung von Kaliumpermanganat auf 80 Proz. erhöht werden, wenn man nach dem D. R. P. 197 161 Isoborneol in indifferenten Mitteln gelöst, mit Permanganat in saurer verdünnter Lösung oxydiert [3]).

Es werden z. B. 100 Teile Isoborneol in einer passenden Menge Benzol oder Petroläther gelöst und mit ca. 100 Teilen Wasser verrührt. Nunmehr wird eine Lösung, bestehend aus 80 Teilen Permanganat, 2000 Teilen Wasser und 20 Teilen konzentrierter Schwefelsäure zugegeben. Am Schlusse der Reaktion wird das Gemisch alkalisch gemacht und das Lösungsmittel mit dem Campher durch Wasserdampf abdestilliert; die Oxydation ist in etwa 5 Stunden beendet.

[1]) *Franz Fritzsche & Co.* in Hamburg und *Verona Chemical Co.* in Newark, New-Jersey: D. R. P. 207 702 vom 29. VIII. 1905. Am. P. 898 943.

[2]) *Semmler:* Ber. d. chem. Ges. **33**, 3430.

[3]) *Badische Anilin- und Soda-Fabrik:* D. R. P. 197 161 vom 28. IV. 1906.

Aber auch in alkalischer Lösung, besser noch mit dem Permanganat selbst ist es nach dem D. R. P. 157 590 möglich, Isoborneol mit einer Ausbeute von 95 bis 100 Proz. zu Campher von großer Reinheit zu oxydieren, wenn man das Isoborneol in fein gepulvertem Zustand oder in einem indifferenten Lösungsmittel, wie Benzol oder Petroläther, mit einer wässerigen 1 proz. Lösung eines Permanganats behandelt [1]).

Auf 10 kg Isoborneol werden z. B. 10 kg Benzol [2]) und 10 kg Kaliumpermanganat in 1 cbm Wasser gelöst, angewandt. Es wird bei gewöhnlicher Temperatur so lange durchgerührt, bis die Farbe des Permanganats verschwunden ist, und schon nach dem Abtreiben mit Dampf und Umkrystallisieren aus Petroläther ist der Campher rein. Auch die Isobornylester als solche können mit sauren Oxydationsmitteln direkt zu Campher oxydiert werden.

Während nach Versuchen von *Schmitz* Isoborneol schon beim Erhitzen auf höhere Temperaturen für sich Wasser abspaltet, läßt es sich ebenso wie Borneol in Gegenwart von Basen sehr hoch erhitzen, ohne daß diese Abspaltung eintritt und in diesem Zustande leicht mit Oxydationsmitteln, welche bei niederen Temperaturen auf Isoborneol nicht einwirken, z. B. mit Superoxyden zu Campher oxydieren. Zur Durchführung der Oxydation eignen sich Braunstein, Manganite, Bleisuperoxyd, Plumbate, Kupferoxyd, Nickeloxyd, Quecksilberoxyd u. a. [3]) Die Oxydation erfolgt ohne Bildung von Nebenprodukten in guter Ausbeute zu sehr reinem Campher. Da das Ausgangsprodukt meist durch Ester gegeben ist, kann das Oxydationsmittel auch gelegentlich der Verseifung dieser Ester oder nachher hinzugefügt werden. Es genügt z. B., 25 kg Isoborneol mit 25 kg Natron oder gebranntem Kalk und 50 kg Braunstein oder der äquivalenten Menge Bleisuperoxyd 10 Stunden auf 250° C zu erhitzen und nach dem Erkalten den entstandenen Campher mit Wasserdampf abzutreiben. Will man die Reaktion bei Anwesenheit von Wasser durchführen, so muß die Reaktionsmasse kräftig gerührt werden. Bei Anwendung des Isobornylacetates für sich werden 25 kg davon mit 35 kg Natron, 50 kg Wasser und 50 kg Braunstein 10 Stunden auf 250° C erhitzt.

Ein Verfahren mit Anwendung von Ozon ist durch das D. R. P. 161 306 bekannt geworden [4]). Es soll sofort fast reinen Campher in nahezu quantitativer Ausbeute liefern [5]). — Das Verfahren wird derart ausgeführt, daß z. B. 10 kg

---

[1]) Vgl. auch *Majewski:* Inaug.-Dissertation Leipzig 1898. *Chem. Fabr. auf Akt. (vorm. E. Schering):* D. R. P. 157 590 vom 8. X. 1903. F. P. 341 513, E. P. 6652 ex 1909.

[2]) Nach dem E. P. 21 946 ex 1907 soll Aceton als Verdünnungsmittel bei der Oxydation von Isoborneol mit Chromsäure angewandt werden. (*The Clayton Aniline Co. Lmtd.*)

[3]) Dr. *Schmitz & Co.:* D. R. P. 203 792 vom 13. III. 1907. E. P. 3750 ex 1908; F. P. 385 352, Am. P. 989 651.

[4]) *Chem. Fabr. auf Akt. (vorm. E. Schering):* D. R. P. 161 306 vom 28. IV. 1904; F. P. 353 065; E. P. 8297 ex 1905 und Am. P. 801 183.

[5]) Bei der Einwirkung von Ozon auf Camphen wird Formaldehyd und Camphenilon gebildet, jedoch kein Campher. Durch andere Oxydationsmittel kann Camphen auch direkt zu Campher oxydiert werden (vgl. D. R. P. 161 306).

Isoborneol in 40 kg niedrig siedendem Petroläther gelöst und 10 kg Wasser zugefügt werden; nunmehr wird die zur Oxydation notwendige Menge Ozon bei gewöhnlicher Temperatur so lange eingeleitet, bis es unverbraucht hindurchgeht und nach beendigter Reaktion wird der Petroläther abdestilliert. Statt dieses kann man auch 75 kg 95proz. Essigsäure ohne Wasserzusatz ver wenden; erst nach der Entfernung der Essigsäure wird Wasser zugesetzt, neutralisiert und der abgeschiedene Campher weiter gereinigt.

Es ist jedoch nicht einmal notwendig, Ozon anzuwenden, da Sauerstoff oder Luft mit oder ohne Benutzung von Kontaktsubstanzen ebenfalls das Isoborneol zu Campher zu oxydieren vermögen, wenngleich die Ausbeute unvollkommen ist. Im D. R. P. 161 523 wird ein solches Verfahren [1]) folgendermaßen geschildert:

Durch langsames Überleiten von insgesamt 300 l Sauerstoff über 1 kg Isoborneol bei 160° C wird letzteres in Dampf verwandelt und dieser über Spiralen aus Kupferdrahtnetz bei einer konstant zu haltenden Temperatur von ca. 180° C durch 3 Stunden derart geleitet, daß nach dem Passieren des Kupferdrahtnetzes das Dampfgemisch abgekühlt wird; es setzt sich ein Sublimat ab, welches neben unverändertem Isoborneol 20 Proz. Campher enthält. Das Isoborneol kann dem Prozesse wiederum zugeführt werden. (Nach dem zitierten Patent bildet sich neben den genannten Terpenderivaten nur etwa 1 Proz. des Ausgangsmateriales an Kohlensäure.) Bei der Anwendung der Luft statt des Sauerstoffes und Einhaltung einer Temperatur von 175 bis 177° C resultieren nur etwa 6 Proz. Campher neben unverändertem Isoborneol. Wurde der Dampf von Sauerstoff und Isoborneol über Tonscherben als indifferente Füllmasse eines Rohres bei 180° C geleitet, so entstand ein Gemisch von Campher, Camphen und Isoborneol. Borneol in ähnlicher Weise mit Sauerstoff und Kupfer als Kontaktsubstanz behandelt, ergab 7 bis 8 Proz. Campher neben unverändertem Borneol [2]). Platinasbest als Kontaktsubstanz angewandt, gab eine noch geringere Ausbeute an Campher. Hingegen entstand eine 25proz. Ausbeute, als bei 195° C Borneoldampf mit einem Sauerstoffstrom von 300 ccm pro Stunde, 8 Stunden durch ein Kupferrohr geleitet wurde, das mit Tonscherben beschickt war.

Schmitz hat ein Verfahren ausgearbeitet, nach welchem nicht Borneol und Isoborneol selbst, sondern deren Alkoholate durch Sauerstoff oder Luft oxydiert werden, wobei sich das Metall des Alkoholates in Metallhydroxyd [3]) verwandelt.

$$C_8H_{14}\left\langle\begin{array}{l}CHOM\\|\\CH_2\end{array}\right. + O = C_8H_{14}\left\langle\begin{array}{l}CO\\|\\CH_2\end{array}\right. + MOH$$

Ein Zusatz von Sauerstoffüberträgern, wie Platinschwamm, Nickel ist zur Durchführung der Oxydation nicht erforderlich, da die Reaktion auch

[1]) *Chem. Fabr. auf Akt. (vorm. E. Schering):* D. R. P. 161 523 vom 18. V. 1904. E. P. 9550 ex 1905.

[2]) *Chem. Fabr. auf Akt. (vorm. E. Schering):* D. R. P. 166 722 vom 6. XII. 1904. Zus. z. D. R. P. 161 523.

[3]) Dr. *Schmitz & Co.:* D. R. P. 203 791 vom 20. XII. 1906. E. P. 28 036 ex 1907.

ohne diese schnell und nahezu quantitativ verläuft; hingegen ist ein Zusatz von indifferenten Lösungsmitteln zum Alkoholat, z. B. Toluol vorteilhaft.

Es werden z. B. 17 kg Isoborneol in 60 kg Toluol gelöst, durch 2,3 kg Natrium oder 4 kg Calcium in das Alkoholat verwandelt und nach dem Erkalten bei 10 bis 20° C durch Einleiten trockener, kohlensäurefreier Luft oxydiert; erst gegen Ende der Reaktion wird etwas erwärmt. Nach Absorption des Sauerstoffes und erfolgtem Auswaschen wird der gebildete Campher isoliert und gereinigt.

Nach dem Verfahren *Austerweils* wird mit Luft, unter Benützung von Salpetersäure und Vanadinsäure als Katalysatoren[1]) oxydiert.

Zu diesem Zwecke wird ein Gemisch von Borneol oder Isoborneol mit konzentrierter Salpetersäure von ca. 37 bis 40° Bé hergestellt und nach Zusatz geringer Mengen von Vanadinsäure (V_2O_5) oder vanadinsaurem Natrium am Rückflußkühler erhitzt, während zugleich Luft oder Sauerstoff derart hindurchgeleitet wird, daß ein Entweichen nitroser Gase nicht stattfindet. Die abziehenden Gase passieren, um Verluste an Salpetersäure zu vermeiden, eine Kondensationsvorrichtung.

Die Funktion der Salpetersäure und Vanadinsäure als Sauerstoffkatalysatoren erklärt *Austerweil* dahin, daß die Borneole von der Salpetersäure oxydiert werden und diese von der Vanadinsäure wiederum zurückoxydiert wird, während letztere in Gegenwart der Salpetersäure Luftsauerstoff neuerdings leicht aufnimmt. *Austerweil* weist in der zitierten Patentschrift darauf hin, daß das Verfahren auch mit Vorteil auf Gemische von Borneol und Isofenchylalkohol Anwendung finden kann, da der Isofenchylalkohol hierbei zu Fenchon oxydiert wird und dieses in der Zelluloidfabrikation ohne Nachteil verwendbar ist.

Übrigens eignet sich das Verfahren auch zur elektrolytischen Oxydation. Man kann nämlich Salpetersäure unter Verwendung von Vanadinpentoxyd oder dessen Verbindungen als Anode elektrolysieren, der Anodenflüssigkeit Borneol oder Isoborneol zusetzen, wobei auch in dieser Anordnung Luft durchgeblasen werden kann. Auf jeden Fall soll die Ausbeute an Campher zwischen 91 bis 98 Proz. der theoretischen betragen.

Nach dem D. R. P. 177 290 gelingt die Oxydation von Isoborneol zu Campher leicht und rasch mit einer wässerigen Chlorlösung, wofern ein Überschuß von Chlor, welcher auf den gebildeten Campher weiterhin einwirken könnte, vermieden wird. Es ist jedoch gute Digestion des Gemisches erforderlich[2]). Zur Ausführung des Verfahrens werden z. B. 15,4 kg Isoborneol in 16 kg Benzol gelöst und mit einer Lösung von 7,1 kg Chlor in 900 l Wasser bei gewöhnlicher Temperatur durchgeschüttelt. Nach kurzer Zeit ist das Chlor verbraucht und das Benzol enthält den Campher in nahezu quantitativer Ausbeute.

---

[1]) Dr. *Geza Austerweil,* Neuilly b. Paris: D. R. P. 217 555 vom 14. V. 1908. E. P. 18 047 ex 1908; F. P. 392 011; Am. P. 979 247.

[2]) *C. F. Boehringer & Söhne:* D. R. P. 177 290 vom 21. V. 1904. F. P. 352 888; E. P. 28 035 ex 1904.

Das Wasser ist jedoch zur Reaktion nicht unbedingt erforderlich, da auch beim Überleiten von Chlorgas über fein gepulvertes Isoborneol sich unter Erwärmung Salzsäuregas entwickelt. Bei der technischen Ausführung des Verfahrens wird zur Mäßigung der Reaktion das Isoborneol in einem indifferenten Lösungsmittel gelöst, äußere Kühlung angewendet und durch sorgfältiges Mischen der Masse ein gleichmäßiger Verlauf der Reaktion herbeigeführt[1]). Es werden z. B. 15,4 kg Isoborneol in 40 kg Chloroform gelöst und unter Rührung, sowie guter Kühlung 7,1 kg Chlor eingeleitet, wobei Salzsäure entweicht. Nachdem das Chlor aufgebraucht ist, wird mit Wasser gewaschen und das Chloroform vom Campher abdestilliert[2]).

In derselben Weise wie Isoborneol läßt sich auch Borneol glatt und derart in Campher überführen, daß dessen Chlorgehalt nur 0,1 bis 0,2 Proz. beträgt[3]).

Ferner wird, wie *C. F. Boehringer & Söhne* fanden und im D. R. P. 182 300 auseinandersetzen, gasförmige salpetrige Säure über Isoborneol (für sich oder in Ligroin, Äther, Chloroform gelöst) geleitet, unter Wärmeentwicklung begierig absorbiert, wobei das Isoborneol allmählich zu einer leicht beweglichen Flüssigkeit, welche sich durch Abscheidung von Wasser trübt, zerfließt. Die Flüssigkeit weiterhin unter Abkühlen mit salpetriger Säure bis zur blaugrünen Färbung gesättigt, läßt nach einiger Zeit unter Erwärmung rotes Stickoxyd entweichen, und es scheidet sich am Boden des Gefäßes eine geringe Menge einer wässerigen Flüssigkeit ab, während das darüber stehende Hauptprodukt, ein klares, schwach gefärbtes Öl, die Eigenschaft zeigt, mit Wasser zusammengebracht, zu Campher zu erstarren[4]).

Wie das Isoborneol verhält sich auch das Borneol. Da die entweichenden Gase sich beim Zusammentreffen mit dem Sauerstoff der Luft wieder oxydieren und zurückgewonnen werden können, besteht die Möglichkeit, das Verfahren technisch zu verwerten, und es hat sich gezeigt, daß hierbei Campher in guter Ausbeute ohne Nebenprodukte gewonnen werden kann. Das D. R. P. 182 300 gibt das technische Verfahren in folgender Weise an[5]): In einen von außen mit Wasser kühlbaren, emaillierten, mit einem Einleitungsrohr versehenen Rührkessel werden 10 kg Isoborneol gebracht; nun werden trockene, nitrose Gase[6]) derart eingeleitet, daß die entweichenden Dämpfe

[1]) *C. F. Boehringer & Söhne:* D. R. P. 177 291 vom 28. V. 1904. Zus. z. D. R. P. 177 290; F. P. 4663.

[2]) Vgl. hierzu auch *Faltin:* Ann. d. Ch. **87**, 376, wonach Chlor auf Sassafrasöl einwirkend, Campher erzeugt, ferner F. P. 362 956 und Am. P. 864 162, nach welchem Isoborneol mit Hypochloraten und evtl. einem geeigneten Katalysator oxydiert wird. Das Amerik. P. 901 708 (*Hertkorn*) verwendet als Oxydationsflüssigkeit Hypochloritlösungen im Vereine mit Kupfer- und Eisensalzen.

[3]) *C. F. Boehringer & Söhne:* D. R. P. 179 738 vom 2. VII. 1905. Zus. z. D. R. P. 177 290, F. P. 6208.

[4]) Vgl. auch *Kachler:* Ann. d. Ch. **159**, 283, sowie *Hesse:* Ber. d. chem. Ges. **39**, 1144 (1906).

[5]) *C. F. Boehringer & Söhne:* D. R. P. 182 300 vom 16. VII. 1904; Am. P. 802 793.

[6]) Vgl. auch das Am. P. 849 018, nach welchem Isoborneol mit Salpetersäure oxydiert wird, bis nitrose Gase nicht mehr entweichen. Auch nach dem F. P. 377 926 wird Isoborneol mit einer Stickoxyde enthaltenden Salpetersäure behufs Camphergewinnung behandelt. Reines Stickoxyd wirkt auf Borneol nicht ein.

einen Rückflußkühler passieren. Nachdem das Isoborneol verflüssigt ist, kühlt man mit Wasser ab und setzt das Einleiten des Gases bis zur Annahme der grünblauen Färbung fort. Da die Masse, der Ruhe überlassen, nach einiger Zeit unter Entwicklung von Stickoxyden warm wird, muß durch weitere Kühlung dafür gesorgt werden, daß die Temperatur nicht über 60 bis 70° C steige. Nach einigen Stunden sinkt die Temperatur, die Reaktion ist beendet und das Reaktionsprodukt wird unter Umrühren und im dünnen Strahl in 100 l Wasser langsam einfließen gelassen, wodurch sich der Campher im reinen Zustande und in einer Ausbeute von etwa 95 Proz. abscheidet.

Die katalytische Dehydrierung des Isoborneols wurde zuerst im engl. P. 17573 ex 1906 versucht, da nach dessen Inhalt Isoborneol in Dampfform behufs Camphergewinnung der Einwirkung von fein verteiltem Kupfer in Abwesenheit von Sauerstoff unterworfen wurde[1]). Auch nach dem D. R. P. 271147 geben Isoborneol oder Borneol mit oder ohne Lösungsmittel mit wasserstoffabspaltenden Metallen, wie Kobalt oder Nickel erhitzt, Campher.

Zur Ausführung des Verfahrens ist allmählicher Zusatz der Metalle erforderlich, so daß z. B. 5 Teile Isoborneol und 1 Teil Xylol vorerst mit 1 Teil Nickelpulver $2^1/_2$ Stunden auf 198 bis 200° C erhitzt werden; nunmehr werden weitere 0,2 bis 0,4 Teile zugesetzt, sodann unter weiterem Erhitzen die Mengen so lange zugeführt, bis eine Einwirkung nicht mehr stattfindet. Während die Ausbeute an Reincampher bei dieser Art des Verfahrens über 85 Proz. betrug, konnte nach der Zugabe der ersten Portion Nickelpulvers nur ein Camphergehalt von 20 Proz. festgestellt werden. Oder: es werden 10 Teile Borneol, 30 Teile Paraffin und 1 Teil Petroleum mit 1 Teil Nickel in offenem Gefäße auf 240° C erhitzt und weitere 4 Portionen von je 0,75 Teilen Nickel erst nach jedesmaligem Nachlassen der einsetzenden Wasserstoffentwicklung zugefügt; ein so geleiteter Prozeß ergab eine 94,5proz. Reinausbeute an Campher[2]).

Eine katalytische Dehydrierung von Borneol und Isoborneol mittels Nickels und Alkalien ist auch im D. R. P. 219043 beschrieben[3]). Es hat nämlich die Beobachtung, daß katalytisch wirksame Metalle mit zunehmender Reinheit weniger wirksam werden, zu Versuchen geführt, welche dargetan haben, daß Zusätze von Basen, insbesondere von Alkalien, die Aktivität sehr steigern. So z. B. ist reines Nickelpulver, aus dem Oxyd durch Erhitzen im Wasserstoffstrom reduziert, gegen Borneol und Isoborneol inaktiv, während eine Einverleibung geringer Mengen reinen Natriumhydroxyds das Nickel in hohem Maße den genannten Alkoholen gegenüber aktiv werden läßt, Die Herstellung eines solchen Nickels erfolgt z. B. derart, daß eine wässerige, nicht zu schwache Lösung von reinem Nickelnitrat mit 0,14 Proz. von dessen Gewicht verdünnter reiner Natronlauge (als Na_2O berechnet) versetzt wird;

---

[1]) *J. N. Goldsmith & the Br. Xylonite Co. Lmtd.*

[2]) *Chem. Fabr. auf Akt. (vorm. E. Schering):* D. R. P. 271 147 vom 12. I. 1908. Siehe auch E. P. 26 708 ex 1904; Am. P. 994 437 u. F. P. 398 361.

[3]) *Chem. Fabr. auf Akt. (vorm. E. Schering):* D. R. P. 219 043 vom 19. IV. 1908.

die Lösung wird eingedampft, der Rückstand zu Oxyd geglüht und zu metallischem Nickel reduziert. Die Überführung des Borneols oder Isoborneols in Campher vollzieht sich derart, daß z. B. ein inaktives Nickel mit 0,17 Proz. Na_2O schwer reduzierbare in schmelzendes Borneol eingetragen wird; es findet lebhafte Wasserstoffentwicklung statt. Eine Erhöhung der Aktivität kann auch dadurch bewirkt werden, daß man dem katalytisch wirkenden Metall schwer reduzierbare Metallsalze, wie Natriumnitrat, Natriumsulfat, Bariumchlorid zufügt. Den gelösten oder trockenen Salzen des Katalysators (z. B. den Nitraten) werden höchstens 0,5 bis 1 Proz. dieser Salze zugesetzt, worauf die Produkte geglüht und im Wasserstoffstrom reduziert werden[1]).

Dennstedt und *Hassler* haben gefunden, daß kohlenstoffhaltige Materialien, hauptsächlich Steinkohle, Braunkohle und Torf, in hohem Grade geeignet sind, die Oxydation organischer Stoffe durch Luft bei niedriger Temperatur zu vermitteln[2]). Wird der Dampf des zu oxydierenden Stoffes mit Luft gemischt über die auf 150 bis 300° C erhitzte Kohle geleitet, so läßt sich sogar durch Regelung entsprechender Verhältnisse zwischen Dampf und Luft, Temperatur und Durchgangsgeschwindigkeit des Gasgemisches von mehreren Oxydationsstufen die gewünschte erhalten. Um die Wirksamkeit der Kohle zu steigern, ist es vorteilhaft, sie einige Zeit für sich zwischen 200 und 300° C mit Luft zu behandeln. Für Braunkohle und Torf ist diese Vorbehandlung, welche mit Verkokung verbunden ist, unerläßlich, um Zersetzungsprodukte, welche sonst auftreten würden, vorher zu entfernen; ebenso nützlich ist es, Kohlen von geringem Eisengehalt Eisenoxyd zuzusetzen.

Wenngleich das Verfahren ganz im allgemeinen zur Oxydation von Alkoholen, Aldehyden und Kohlenwasserstoffen ausgearbeitet wurde, so kann es auch zur Überführung von Borneol und Isoborneol in Campher benützt werden.

Es bleibe ferner nicht unerwähnt, daß die Oxydation der Campheralkohole auch mittels Elektrizität möglich ist. Im F. P. 387 539 ist die Oxydation des Isoborneols auf elektrolytischem Wege unter Zusatz eines mangan- oder chromhaltigen Katalysators und Anwendung einer Mangan- oder Chromanode vorgesehen[3]) und im Am. P. 875 062 wird die elektrolytische Oxydation des Isoborneols zu Campher in einer Kochsalzlösung beschrieben[4]).

Weitere Versuche, welche die Gewinnung von Campher aus Terpentinöl bezwecken.

Im theoretischen Teile wurde bereits erörtert, daß Camphen von *Berthelot*[5]) mit Platinmohr zu Campher oxydiert wurden, daß ferner *Riban*[6]) und auch *Berthelot*[7]) die gleiche Oxydation mit Chromsäuregemisch durchführten; da-

[1]) *Chem. Fabr. auf Akt. (vorm. E. Schering):* D. R. P. 219 043 vom 18. VII. 1908.

[2]) *Dennstedt* u. *F. Hassler:* D. R. P. 203 848 vom 24. II. 1907.

[3]) *Ges. f. chem. Ind.*, Basel.

[4]) *Charles Glaser.*

[5]) *Berthelot:* Ann. d. Ch. **110**, 637.

[6]) *Riban:* Bull. d. u. Soc. chim. (II) **24**, 17.

[7]) *Berthelot:* l. c.

bei wurde auf die ausführliche experimentelle Untersuchung dieses Vorganges durch *Kachler* und *Spitzer* hingewiesen.

Schon 1890 meldete *Louis Nordheim* das Verfahren des D. R. P. 64180 v. 23. XII. 1890 an, nach welchem aus Pinenchlorhydrat durch Erhitzen mit Natriumcarbonat auf 120° C Camphen hergestellt und dieses im dampfförmigen Zustande der Einwirkung von Ozon oder ozonisierter Luft unterworfen wird, wodurch sich Campher bildet. Ganz der gleiche Vorgang ist im F. P. 21 294 ex 1890 von *W. W. Horn* beschrieben.

O. A. L. Dubosc verwendete zur Abspaltung der Salzsäure aus Pinenhydrochlorid das Gemenge eines Metalls mit einem Oxydationsmittel, und zwar hauptsächlich Zink oder Eisen im Verein mit Bariumsuperoxyd, so daß z. B. auf 344 Tl. Pinenhydrochlorid 65 Tl. metallisches Zink oder 56 Tl. Eisen und 169 Tl. Bariumsuperoxyd angewendet werden. Außerdem oxydiert er das entstandene Produkt mit einem Gemenge von Chromsäure und einem Peroxyd bei 180° C[1]).

Eine Anzahl von Patenten hat, vom Pinenchlorhydrat ausgehend, die Oxydation des aus letztgenanntem Produkte abspaltbaren Camphens zur Grundlage, wenngleich der Mechanismus der Reaktion den Erfindern nicht genügend klar war. So z. B. gelangt man nach den E. P. 3365 ex 1896 und 3555 ex 1896 zum Campher, wenn man auf Terpentinöl erst Salzsäure, sodann Luft, Sauerstoff und Alkali einwirken läßt und nachher destilliert. Durchsichtiger erscheint das Verfahren von *Woods*[2]), nach welchem das mit Alkali behandelte salzsaures Terpentinöl mit Dampf und Luft in Gegenwart eines Oxydationsmittels destilliert wird. Auch dem Verfahren von *Nagel*[3]), wonach Pinenhydrochlorid mit Kalk behandelt, und das so erhaltene Produkt mit Salpetersäure, Chromsäure, Ozon zu Campher oxydiert wird, liegt die Oxydation des Camphens zugrunde, da letzteres jedenfalls bei der Behandlung mit Kalk, wenn auch in geringer Ausbeute, entstehen muß[4]).

Gewinnung des Borneols aus Campher und dessen Reinigung.

Der Campher kann nach den bei Borneol besprochenen Reduktionsverfahren durch Metalle, wie Natrium, Calcium usw. in den zugehörigen Alkohol, Borneol übergeführt werden. Es entsteht jedoch daneben stets Isoborneol. Auch katalytischen Reduktionsverfahren wurde der Campher unterworfen. So z. B. verwandte *Jpatiew* zu diesen Versuchen ein Stahlrohr von etwa 250 ccm Inhalt. In dasselbe wurden 25 g der Substanz und 2 bis 3 g Nickeloxyd, sodann Wasserstoff unter 100 Atm. Druck gefüllt. Bei 320 bis 350° C wird Campher in Borneol umgewandelt[5]).

Außerdem hat das von *Sabatier* und *Senderens* bzw. *Sabatier* und *Mailhe*

---

1) *O. L. A. Dubosc:* E. P. 8260 ex 1906; E. P. 8260 A (1906); E. P. 8356 und 8356 A (1906).

2) *Woods:* E. P. 14 328 ex 1897.

3) *O. Nagel:* Am. P. 582 221.

4) Vgl. zu den früheren auch F. P. 361 333 von *O. L. A. Dubosc.*

5) *Jpatiew,* Ber. d. chem. Ges. **45**, 3206.

allgemein ausgearbeitete katalytische Verfahren zur Reduktion von Ketonen durch Leiten der mit Wasserstoff beladenen Dämpfe der Ketone über pulverförmiges Nickel und Kupfer in die Praxis Eingang gefunden. Bei Temperaturen von 180° C bewirkt diese Methode nach dem D. R. P. 213 154 auch die Reduktion des Camphers zu Borneolen und verläuft am günstigsten, wenn eine Temperatur unterhalb 170° C eingehalten wird[1]).

Zur Durchführung der Reaktion wird ein Rohr mit einer Schichte von auf Bimsstein ausgefälltem Nickel oder Kobalt beschickt; nun wird der Strom eines mit Campherdämpfen beladenen Wasserstoffs bei 115 bis 120° C durchgeleitet und man erhält sodann neben unverändertem Campher 63 Proz. an Borneolen (hauptsächlich Borneol); bei höherer Temperatur verringert sich die Ausbeute auf etwa 24 Proz.

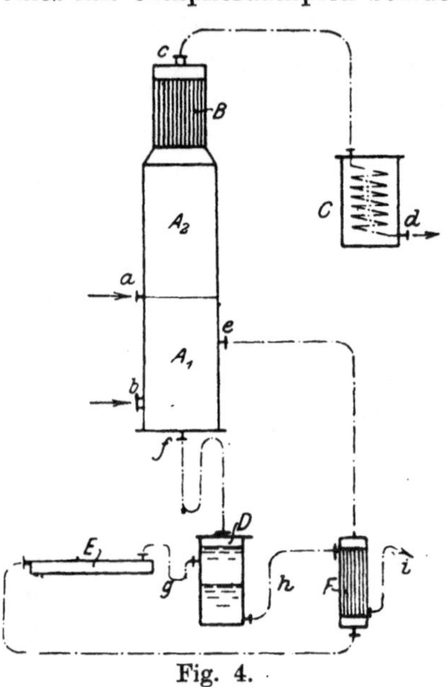

Fig. 4.

Um bei der Rektifikation wasserhaltender alkoholischer oder ätherischer Campherlösungen das Ausscheiden des Camphers in den Destillierapparaten und den Rektifizierapparaten zu vermeiden, schlägt *Kubierschky* vor, der wässerigen Alkohol- oder Ätherlösung ein Öl, z. B. Petroleum vor dem Abtreiben des Alkohols oder Äthers zuzusetzen[2]). Da ein schwer siedendes Öl den sich ausscheidenden Campher insbesondere bei höherer Temperatur des Öles löst, bleibt letzterer mit dem Öle im Rückstande des Rektifizierapparates. Da ferner der Campher durch Abkühlung aus dem Öl auskrystallisiert und das mit Campher gesättigte kalte Öl nach einer Vorwärmung wiederum als Lösungsmittel in den Rektifizierapparat zurückgeführt werden kann, geht vom Öle wenig verloren. Obgleich das Verfahren für alle Arten Destillierapparate verwendet werden kann, besitzt es für die kontinuierlich arbeitenden Apparate höhere Bedeutung. Der Betrieb solcher Apparate geht folgendermaßen vor sich: In die Destillierkolonne A_1 bis A_2, deren unterer Teil, von *a* abwärts, als Abtreibekolonne dient, während der obere Teil A_2, von *a* aufwärts mit dem Rückflußkühler *B* die Rektifikation der abgetriebenen Alkohol- bzw. Ätherdämpfe bewirkt, wird die campherhaltige wässerige Alkohol- oder Ätherlösung bei *a* eingefüllt. Der zur Destillation erforderliche Wasserdampf wird bei *b* zugeführt. Die reinen Destillationsprodukte entweichen bei *c* und gelangen in den Kondensator *C*. Bei *d* wird das fertige Produkt abgezogen.

Der Stutzen *e* ist am unteren Kolonnenteil A_1 dort angebracht, wo die Ausscheidung des Camphers beginnt. Durch ihn wird eine entsprechende

[1]) *Chem. Fabr. auf Akt. (vorm. E. Schering):* D. R. P. 213 154 vom 21. XII. 1907.
[2]) Dr. *Konrad Kubierschky* in Eisenach: D. R. P. 264 653 vom 11. IV. 1912.

Menge eines schwersiedenden Lösungsmittels für Campher, z. B. Petroleum nach entsprechender Vorwärmung in den Apparat eingeführt. Das Öl löst den Campher und läuft mit dem wässerigen Rückstand bei *f* ab. Nunmehr gelangen Öl und Wasser durch ein Siphonrohr in die Scheideflasche *D*, wo das Öl an die Oberfläche gelangt und durch *g* und *h* getrennt abgeführt werden kann. Nunmehr passiert das heiße Öl ein oder mehrere Abkühlungsgefäße *E*, wo der Campher auskrystallisiert. Weiter wird das erkaltete Öl in einem Wärmeaustauscher *F* mittels des heißen, durch *h* aus der Kolonne ablaufenden Rückstandes wiederum vorgewärmt und neuerdings durch *e* in die Kolonne A_1 zurückgeführt. Der Rückstand verläßt den Apparat bei *i*.

Für normales Leuchtpetroleum von der Dichte 0,85 und den Siedegrenzen 150 bis 300° C ergibt sich die erforderliche Menge pro 100 kg eines zu verarbeitenden Alkohol-Camphergemisches aus der Differenz der Lösungskapazität des Petroleums, bei der Temperatur der aus der Kolonne abfließenden Flüssigkeiten (annähernd 100° C) und der Lösungskapazität bei der Temperatur, mit welcher es aus den Krystallisationsschalen, mit Campher gesättigt, ausfließt. Da Versuche ergaben, daß 100 ccm Petroleum bei 25° C 60 g Campher, bei 100° unter Sättigung 150 g Campher lösten, so würden diese 100 ccm gesättigten Petroleums bei der Abkühlung auf 25° 150 — 60 = 90 g Campher ausscheiden. Um daher z. B. 3 kg Campher aus einem Gemenge auszuscheiden und wiederzugewinnen, müßten $\frac{100 \cdot 3000}{90} = 3333$ ccm des bezeichneten Petroleums auf je 100 l einer 3 proz. Alkohol-Camphermischung angewandt werden. Besitzt das angewandte Petroleum relativ niedrig siedende Anteile, so kann der abdestillierte Alkohol durch diese verunreinigt werden.

Der natürliche Campher wird meist in Japan durch Sublimation gereinigt. Eine von *Hesse* ausgearbeitete Reinigung natürlichen und künstlich aus Borneol, Isoborneol, Camphen dargestellten Camphers von Verunreinigungen, welche ähnlicher physikalischer Eigenschaften wegen nur schwer durch Destillation, Umkrystallisation usw. zu beseitigen sind, beruht darauf, daß der Campher nicht nur in Vitriolöl, sondern wie *Hesse* fand, auch in schwächer konzentrierter Schwefelsäure löslich ist[1]).

Reiner Campher, schon in 50 bis 60 proz. Schwefelsäure teilweise löslich, ist nämlich in 2 bis 3 Gewichtsteilen 65 proz. Schwefelsäure vollständig und klar löslich, fällt ferner aus diesen Lösungen durch Zusatz von Wasser als feinpulveriger, weißer Niederschlag aus, welcher nicht wie krystallinischer Campher beim Lagern zusammenbäckt, und läßt sich nach dem Ausschütteln mit Lösungsmitteln (Petroläther, Benzol, Toluol u. dgl.) aus diesen wiederum in krystallinischer Form gewinnen. Nur bei längerem Stehen oder beim Erhitzen auf höhere Temperatur bilden sich Sulfosäuren. Hingegen sind die Beimengungen des Camphers (Borneol, Isoborneol, Pinen, Camphen, Terpenketone usw.) in so konzentrierter Schwefelsäure nicht oder nur wenig löslich,

---

[1]) Dr. *Albert Hesse:* D. R. P. 164 507 vom 19. V. 1904.

werden ferner bei längerer Einwirkung der Säure oder beim Erwärmen mit derselben entweder in Kohlenwasserstoffe und Wasser (wie Borneol und Isoborneol) oder in Polymerisationsprodukte wie Pinen, Camphen, Terpenketone, übergeführt, so daß sie durch Filtrieren, Dekantieren, durch Ausschütteln mit Petroläther, Benzol usw. entfernt werden können.

Ein derartiges Reinigungsverfahren ist für den durch Oxydation von Borneol oder Isoborneol mit Chromsäure oder Permanganat gewonnenen Campher deshalb vorteilhaft, weil schon das bei der Oxydation entstehende rohe Gemisch von Campher mit Borneol oder Isoborneol dem Verfahren unterworfen werden kann.

Der Arbeitsvorgang wird von *Hesse* folgendermaßen geschildert: 10 kg eines Gemisches, welches 80 Proz. Campher und 20 Proz. Camphen enthält, werden mit 80 bis 100 kg einer 65 bis 70 proz. Schwefelsäure geschüttelt oder gerührt. Die schwefelsaure Lösung, von dem Ungelösten abfiltriert oder dekantiert, kann auf zweierlei Weise verarbeitet werden: Sie wird entweder mit etwa 5 Vol.-Proz. Petroläther, Benzol usw. ausgeschüttelt, um sie von den Verunreinigungen, welche noch in der Lösung suspendiert sind, zu befreien, wobei etwa 2 bis 5 Proz. des gelösten Camphers aufgenommen werden, und nach deren Abtrennung durch wiederholtes Ausschütteln mit größeren Mengen des Lösungsmittels vom gesamten in Lösung befindlichen Campher befreit; oder der gelöste Campher wird durch allmähliches Zusetzen von Wasser unter Rühren wieder ausgefällt, wobei die ersten Anteile des Niederschlages in einer Menge von etwa 5 Proz., welche die in der Lösung noch suspendierten Verunreinigungen enthalten, gesondert aufgefangen werden. Nach Trennung dieser wird durch Zusatz weiterer 150 kg Wasser der gesamte Campher ausgefällt. In beiden Fällen ist der Campher nach eventueller Wiederholung der Operation rein und weiß. Das Verfahren kann auch so ausgeführt werden, daß das zu reinigende Gemenge in 90 bis 95 proz. Schwefelsäure unter Kühlung gelöst wird; durch entsprechenden Zusatz von Wasser oder Eis wird die Lösung unter Kühlung auf einen Gehalt von 60 bis 70 Proz. Schwefelsäure verdünnt und nach dem Filtrieren oder Dekantieren wird die schwefelsaure Lösung auf die vorgeschilderte Weise weiterverarbeitet.

Die wirtschaftlichen Grundlagen der Herstellung künstlichen Camphers.

Solange der Campher nur medizinisch und zu pharmazeutischen Präparaten verwendet wurde, war dessen Verbrauch keineswegs groß. Letzterer stieg erst, als dieses Produkt als Zusatzmittel zur Nitrocellulose im Celluloid und zur Herstellung rauchlosen Pulvers benutzt wurde. Aus einem Vortrage *Haller*s auf dem VII. internationalen Kongreß f. angew. Chemie in London[1]) läßt sich entnehmen, daß der Export des Camphers 1868 nur 280 892 kg im Werte von 200 452 Mk. betrug, während Japan 1907 1 834 594 kg Campher im Werte von 15 069 831 Mk. ausführte. Der Preis war mittlerweile von 71 Mk. auf 712 Mk. pro 100 kg gestiegen.

[1]) Chem.-Ztg. **23**, 621 (1909).

Nach Deutschland führte Japan aus:

1901	für 532 771	Yen[1])	1907	für 1 301 544	Yen
1902	„ 710 923	„	1908	„ 375 642	„
1903	„ 672 501	„	1909	„ 545 583	„
1904	„ 146 842	„	1910	„ 322 430	„
1905	„ 115 012	„	1911	„ 475 337	„
1906	„ 509 521	„	1912	„ 435 949	„

Vor dem Kriege betrug der Weltkonsum an Campher jährlich etwa 4 000 000 kg, wovon mehr als ein Drittel aus Formosa stammte. Es entstand daher schon zu Anfang dieses Jahrhunderts das Streben, in allen Kulturstaaten sich vom Importe Japans und dessen hohen Campherpreisen unabhängig zu machen. Aber nicht Europa, sondern Amerika war es, welches versuchte, dieses Streben in Wirklichkeit umzusetzen. Die ersten industriellen Versuche zur Herstellung synthetischen Camphers sind nämlich auf die *Chester Chemical Company* in New-York zurückzuführen, welche auf Fox Island eine Fabrik errichtete. Nach dem von dieser Firma ausgearbeiteten Projekte betrug der Weltkonsum an Campher im Jahre 1902 gegen 8 000 000 lbs, während derjenige der Vereinigten Staaten von Nordamerika mit 2 000 000 lbs beziffert wurde. Die Firma stellte in Aussicht, 99 proz. Campher in der Menge von 600 000 lbs derart aus Terpentinöl herzustellen, daß die Ausbeute an Campher 98 lbs auf 1 Barrel Terpentinöl betragen würde[2]).

Auch in Deutschland, Frankreich und England begann alsbald der Versuch der industriellen Herstellung synthetischen Camphers und es entstanden eine Anzahl von Werkstätten, welche sich dem neuen Problem zuwandten. Solange der Campherpreis hoch genug war, schien der ökonomische Vorteil der jungen Industrie gesichert, und da die Preise ununterbrochen gestiegen waren, so daß 1904 der Preis von 100 Yen, 1907 aber schon 164 Yen pro 100 Kin gegenüber dem Preis von 16 Yen im Jahre 1868 betragen hatte, konnte deren dauerndes Sinken nicht erwartet werden. Als aber im Jahre 1907 die Japaner infolge der Konkurrenz des synthetischen Camphers mit dem Preise dieses Produktes wieder auf 115 Yen herabgingen, bot sich den Fabriken für synthetischen Campher keine Rentabilität mehr dar, so daß die Betriebe unterbrochen wurden.

Mit Ausnahme eines einzigen Unternehmens, dem es gelang, noch bei hohen Campherpreisen die Kosten der Investierung abzuschreiben, konnten die anderen Unternehmer nicht einmal ihre Einrichtungsspesen decken[3]) und manche derselben erlitten hohe Verluste. Heute aber wird in Deutschland synthetischer Campher wieder fabriziert.

Für eine industrielle Herstellung von Campher aus Terpentinöl kommt zunächst die erzielbare Ausbeute in Betracht. Nach einer Studie von *Otto Schmidt* lieferte Terpentinöl mit Salzsäuregas gesättigt 43 Proz. festes Pinen-

---

[1]) 1 Yen war vor dem Kriege 2,30 bis 2,50 Mk.

[2]) Ber. von *Schimmel* & *Co.*, April 1903.

[3]) Vgl. *Hesse:* Über die Entwicklung der Industrie der äther. Öle (Festschrift Wallach), Göttingen, Vandenhock & Ruprecht 1909.

hydrochlorid neben 57 Proz. flüssiger Chloride. Vom festen Pinenhydrochlorid konnten 95 Proz. Camphen gewonnen werden, welches eine Ausbeute von 85 Proz. an Isobornylacetat ergab. Isobornylacetat lieferte 98 Proz. Isoborneol und dieses 80 Proz. Campher. Wurde das Terpentinöl mit organischen Säuren behandelt, so ergab es 37 Proz. Bornylester und 53 Proz. Limonen. Aus den Bornylestern konnten 98 Proz. Borneol gewonnen werden, welche ca. 80 Proz. Campher ergaben. Im Durchschnitte betrug bei beiden Verfahren die Ausbeute ca. 25 Proz. der angewandten Menge Terpentinöl und zu 50 Proz. fiel an Terpenen ab, welche zu Camphererzeugung nicht mehr geeignet, der Lackfabrikation zugeführt wurden. Die damals von 72 bis 125 Frs. pro 100 kg französisches Terpentinöl schwankenden und 95,5 Mk. für amerikanisches Terpentinöl betragenden Preise ließen die Herstellung synthetischen Camphers um so weniger rentabel erscheinen, als auch die Campherpreise innerhalb 4 Jahren zwischen 415 und 800 Mk. pro 100 kg schwankten und 1907 zurückgingen, nachdem in diesem Jahre Campher mit ca. 1000 Mk. pro 100 kg bezahlt worden war[1]). Eben dieses Schwanken der Preise war es hauptsächlich, welches die Fabriken ätherischer Öle, also einer Industrie, die mit der Terpenveredlung vertraut war, von einer Herstellung des synthetischen Camphers im großen abhielt.

Unmittelbar vor dem Kriege wurden für 100 kg Campher 400 Mk. bezahlt; nach dessen Beginn stieg jedoch der Preis rasch auf 700 bis 800 Mk., so daß während des Krieges die Herstellung des synthetischen Camphers selbstverständlich keine ökonomische Schwierigkeit bot. Daß diese Fabrikation heute rentabel ist, steht außer Zweifel, jedenfalls ist aber in Betracht zu ziehen, daß die günstige Verwertung der Nebenprodukte und Rückstände eine große Rolle spielt und daß die wichtigsten, Terpentinöl produzierenden Staaten, der Reihe nach die Vereinigten Staaten von Nordamerika, Frankreich, Rußland, Deutschland, die mitteleuropäischen Staaten und Spanien sind. Man ersieht hieraus, daß für Deutschland ein großer Teil des Rohmaterials im Besitze des Auslandes ist. Ferner darf nicht unerwähnt bleiben, daß das an Pinen reichhaltigste Öl das französische ist, während amerikanisches Öl weniger und das deutsche Öl am wenigsten enthält.

---

[1]) *Schmidt:* Chem. Industrie 1906, 241.

Verzeichnis der deutschen Reichs-Patente.

42 458	178 934	197 161	206 619	219 043
67 255	179 738	197 163	207 155	219 044
134 553	179 791	197 346	207 156	219 243
149 791	182 044	197 767	207 702	220 838
153 924	182 300	197 805	207 888	223 795
154 107	182 943	200 915	208 487	228 613
157 590	184 635	203 791	208 636	229 190
158 717	185 042	203 792	212 893	230 671
161 306	185 933	203 848	212 901	243 692
161 523	187 684	204 163	212 908	250 743
164 507	189 261	204 921	213 154	264 246
166 722	189 867	205 295	214 042	264 653
175 097	193 177	205 849	215 336	268 308
177 290	193 391	205 850	217 555	271 147
177 291	196 017	206 386		

Namenverzeichnis.

Sachverzeichnis.